心智升级

让成长之路清晰可见

李宜璞——著

河北科学技术出版社
·石家庄·

图书在版编目（CIP）数据

心智升级：让成长之路清晰可见 / 李宜璞著 . --
石家庄：河北科学技术出版社，2023.8
　　ISBN 978-7-5717-1660-8

　　Ⅰ . ①心… Ⅱ . ①李… Ⅲ . ①心理学—通俗读物
Ⅳ . ① B84-49

　　中国国家版本馆 CIP 数据核字 (2023) 第 133842 号

心智升级

XINZHI SHENGJI

李宜璞

选题策划：北京兴盛乐书刊发行有限责任公司

责任编辑：李　虎

责任校对：徐艳硕

特约编辑：刘　昱

美术编辑：张　帆

封面设计：李爱雪

排版设计：刘　艳

**出版发行　**河北科学技术出版社

地　　址：石家庄市友谊北大街 330 号 (邮编：050061)

印　　刷：固安县保利达印务有限公司

经　　销：全国新华书店

开　　本：880mm×1230mm　　1/32

印　　张：9.75

字　　数：200 千字

版　　次：2023 年 8 月第 1 版

印　　次：2023 年 8 月第 1 次印刷

书　　号：978-7-5717-1660-8

定　　价：55.00 元

推荐序1

人人可用的
全身全域智慧工具

看到李宜璞老师的这本书时，我正在参加一个项目评审会。出于对脑肠相关研究的兴趣，对《心智升级》一书中心智与大脑、肠（第二大脑）的关系和相关介绍比较关注。心智的研究与应用是目前一个比较前沿的探索性课题，也让我感受到了她的研究热情与用心。她将自己的理论成果与实践应用结合，并通过跨学科验证形成一个较为成熟和可操作性的体系，难能可贵。本书给关注此领域的学者提供了一个促进个体与群体心理健康研究的新视角，搭建了一个可以借鉴的台阶。

1986年以来，为促进我国儿童发展研究工作，我曾参加和主持过一些相关领域研究项目，并协助一些研究机构、高校、企业和社会服务团体获得国内外研究资金，来促进我国心理学领域的研究与应用。现在看到越来越多像李宜璞这样的年轻人活跃、深入地投身于心理学领域的研究与应用，瞄准了国内外比较前沿的方向并且推陈出新，我倍感欣慰。与此同时，国内心理学的普及与应用依然任重而道远。

　　在这本书中，李宜璞老师将心智与大脑、心智与人际关系之间的作用讲解得比较透彻。她提出的心智罗盘、心智仪表与心智地图的心智导航工具简单落地，覆盖性和实用性较强，对于心理学研究人员、执业人员、教育人员有一定的启发意义，一般大众也能用以快速洞察自己或他人的心智力状态，并加强对心理学知识的了解和兴趣。她将心智力拆解为三大核心系统：动力系统、算力系统、控力系统，还做了深入的地点研究和评测。有趣的是，这三大系统似乎不仅对于人，对于所有高低级智慧生物，包括近两年来发展迅猛、在社会各界都引发革命的人工智能，都是适用的。当然，人工智能在其中的情感维度上较有争议。总的来说，心智导航系统理论，以及当代涌现出的一大批心理学、神经科学乃至交叉科学的新型理论，都是帮助人更深刻地认识自己、更客观地认识他人、更有利地适应环境，让每个个体和人类集体在面对更多巨变、可知或不可知的生存危机时，也能走向更美好的未来。

　　李宜璞老师对于心理学、管理学、社会学相关领域的现代化综合应用研究，可以说走在了比较前卫的水平。目前主流的儿童和成人心理学理论，如华生、斯金纳的行为主义，弗洛伊德、克莱因、埃里克森的精神分析理论，马斯洛的需求层次理论，格赛尔的成熟势力理论，班杜拉的社会学习理论，维果茨基的社会文化理论，荣格的人格心理学，奈瑟尔的认知心理学，以及21世纪涌现的许多神经科学和心智理论，等等，都可以纳入心智导航系统的框架。所以，从某种程度上这算是一部集大成之作。

最后，无论是期待变成大人的孩子，还是心里是孩子的大人，相信本书都可以带领大家踏上心智成长、自洽自足的美好旅途。

原中国心理学会CEO、原中国心理学会标准委主任
梅建

推荐序2
大变局时代，你恐慌吗

　　我收到李宜璞这本书稿的时候，有些吃惊。我对于心理学或者思维科学不够专精，但是从金融、企业领域来说，本书的理论还是很有创见和实用价值的。

　　李宜璞是吴晓波创办的中国企业投资协会（以下简称企投会）的学员，也是企投会的积极推动者，善于组织，非常活跃。偶尔也听她讲到对心理学的理解，她一直把所学的心理学和企业家的心理行为以及思考模式结合起来，希望对企业家有帮助。初步浏览下来，我觉得这本书完全达到了这个目的。

　　作为投资银行家，三十余年的从业经历中见识了无数的企业家、无数的企业。如果要从心理角度去讨论一个企业家在创业、投资、管理方面的成功与失败，我也有过很多感性的认识和思考。虽然我也习惯通过快速地心理观察和性格分析了解一个企业家或者专业人士，但从来没有从系统的心理学理论和方法的角度去研究企业和企业家。我过去认为，这是天生的，基因决定了每一个人的性格、思维模式，也决定了他在商业上的成败，即"性格决定命运"。很多人具有成为成功者的性格和能力，但是，也许因为没有受到更好的教育，没有赶上很好的时代，没有遇到生命中的贵人，错失了机会。然而本书强调，除了这些，有一种能力是需要后天修炼的，这就是"心智"。

每个人都有自己的人生轨迹，每个人一生都在做选择，我觉得在人生每一个节点的选择，都是一次"心智"的抉择。每个人也都需要在做这个"心智抉择"的时候，有人或者方法帮助你作参考，成为你的指路明灯。不管是学习、工作、爱情、婚姻，还是其他什么方面。

每次我们进行"心智抉择"的时候，都是一次"生命沿革"。无论你在什么状况下，是刚刚毕业，即将进入纷繁复杂的社会；是创业失败，考虑再次创业还是打工；是创业的时候选择合伙人；企业发展的时候招聘高管；企业开始转型的时候设计转型方案；企业确定发展战略后碰到一系列未预料到的问题；当你的才华在企业平台上得不到施展；当你的产品就是打不开销路；当你的企业就是缺钱，找不到融资途径，等等。每个人一生中会遇到无数个这样的"心智抉择"节点，我相信绝大多数都是按照自己的性格、人生信条，结合当时的外部因素和心情或者来自身边的各种"忠告"下意识地选择，这种任性或者随意的选择是否正确呢？错误率一定很高。这里面有没有科学呢？我相信绝对存在规律性科学，心理学家们一直在进行这样的研究。

李宜璞以心理学作为基础，在经历多年的心理学实践以及企业投融资、管理咨询之后，进行了这么专业的思考和研究，实在难得。我也认同"心智升级"可以成为一种方法，在大变局时代帮助更多走过以往的"生命沿革"的人，开始新的生命征程。

今天，中国和世界处于一个大变局的时代，没有人有能力去改变这个发展大趋势，也没有办法去逃避。我们从1978年以来，总体来说一帆风顺，走过了四十多年从低处往高处的日子，突然面临巨大的转折，有些不适应。很多人容易从每天的各种碎片化事件和观点中去寻求心理的安慰，填补心智的恐慌，这其实是杯水车薪，解决不了根本。

历史上每一次大变局的动因都来了：科技变革、大国秩序和文明冲突、战争、疫情……我们经历过的所有事情，我们学过的所有知识，我们总结过的所有经验逻辑都在动荡和变局中不堪一击，这对于每一个人都是一次心理考验。破产、失业、商机渺茫、通胀、价值观扭曲、降薪……如何在变化浪潮中牢牢把舵？这需要心智的成长。这个时代需要的，是懂得心智规律的人。我们需要的不是更多信息，而是新的心智工具来解决问题。《心智升级》提供了一套解决问题的心智工具包，帮助你迎风而上，化危机为转机。李宜璞这本书不是全社会追寻"元宇宙"那样的"安慰剂"，而是我们当下最解渴的"酸梅汤"。

资深银行投资家、全球并购专家

王世渝

从个体到国家，竞争说到底是心智的竞争

今天，在很多场合都能听到"百年未有之大变局"这句警言。尽管普通人未必能对应到与自己相关的、具体的影响上，但巨大的变化已然不可避免地增加了人们对社会、对职业的适应性挑战。

互联网正在改变乃至彻底改变人类生产、生活方式，似乎一切都不同了；科技创新叠加出现了"加速度也在加速度"的效应，让世界进入"压缩时代"。人们感受到的是猝不及防，职业也出现了前所未有的重新格式化效应，稍慢的就被甩出，紧跟时代、努力"卷"成了一种常态……

于是，失落、失意，乃至进退失据都成为一种常态。很多人焦虑，甚至很多人抑郁。

无疑，每个人的心智都将面临前所未有之大挑战。

《心智升级》教人们认识自己的大脑，帮助人们找到自己，乃至于找到职场中的自己、创业中的自己。

我在读《心智升级》时感受到了一种能量，也产生了很多共鸣：在我的《创业地图》一书中，找到创业的自己就是第一关。但找到自己并不容易，需要创业者自身心智模式的成熟。

同时，创业的开启意味着创业者心智修炼的开启，因为竞争说到底就是心智与认知的竞争。

其实，无论在职场上还是生活中，都是如此。与趋势的关系、与企业的关系、与周围人的关系甚至与家人的关系都是人的心智模式所决定的。由个体推及集体，企业与企业之间、国家与国家之间的竞争，或许说到底都是"心智"的竞争，比谁能智慧地运用有限的局势和资源，来化解逆境和困局。

如何在巨变中重新找到自己？《创业地图》中给出的方案是"极端己长"，即极端拔高自己的长项；《心智升级》则给出了另一种更全面的方法：心智罗盘盘点诀，这无疑对我们分解问题、剖析自我是很有用的。

"找到自己"只是本书的主题之一，细读还会发现很多精彩的主题："信念升级""连接之门与我的世界""信息能量流和影响力""心智成长的九个阶段""算力系统"……

希望广大读者能在巨变中建立一个强大的心智，不做躺平一族。

"精一天使"公社联合创始人

张怀清（虎歌）

推荐序4
人的心智可以终身成长

李宜璞是我参加吴晓波企投会商学院的同学，非常热情、善于思考，对人性颇有洞见，经常组织大家研讨交流、考察聚餐。后来企投会成立了区域分会，我受邀成为北京区域的会长，由于工作繁忙同时也希望给年轻人更多的机会，我邀请她作为执行会长，她欣然接受并非常努力。

我有幸担任中国航油（新加坡）股份有限公司总裁长达9年，并为中国航油集团成立以来第一届领导班子成员。我发现，无论是投资还是企业经营，要想取得成功，就需要具备敏锐的洞察力和精准的判断力。而要想具备这些能力，就要既懂得商业的规律，又了解人性的规律，学会构建自己的"算法"体系并不断优化升级。

人生的际遇充满奥妙和启示，我曾被达沃斯世界经济论坛评选为"亚洲新领袖"，也曾蒙冤入狱。在狱中我以"隐形记者"的身份现场一对一地"采访"了部分因徒，包括与南非前总统曼德拉同样坐过牢27年、自杀未遂8次的新加坡籍印度族因犯，之后出版了《地狱归来》。这些经历与见闻让我对人性有了更深的认知，也对生命也有了更深的体悟：人的心智终身都是可以不断成长的。犯错和学习，正是一个重要途径。这些心智经历燃起了我全新的生命动力。

李宜璞看过我的书后告诉我，她在写一本关于心智的书，认为我的故事很有价值和借鉴意义，并和我多次探讨企投家的心智，以及如何成为一位心智成熟、事业成功、生活幸福的企投家。最近，看了她写的书，即关于心智成长的规律分析，感到很有深度。她将心智成长的路径清晰地展现出来。她设计的心智导航、心智仪表中动力、算力、控力的模型，能够一目了然地指引渴望成长的人看清方向，找到方法。看得出来，她很用心、很努力，也很有梦想，相信这本书可以帮助很多迷茫困惑的人找到方向，收获到成熟与幸福的心智。

北京约瑟投资有限公司控股股东兼董事长

陈九霖

推荐序5
全媒体时代升级心智，
破除信息污染

　　李宜璞是我的好朋友，她学习能力很强，擅长洞察人心，很关心职场人士与创业者的心智成长。她经常跟我探讨个人品牌与企业品牌的影响与心智之间的关系。为了撰写这本书，她花了很多年访谈创业者、企业家和投资人等成功人士，了解他们的经历和故事，不断思考，深入研究。而且她自己也是从一位普通的职场白领蜕变成如今心智成熟的企业家，不但用亲身经历来验证，还帮助了很多企业与个人获得成长，她的这种学习精神与钻研意志令人敬佩。

　　我曾担任移动梦网新闻中心主编、搜狐微博名人战略总监、360公司新媒体营销公关总监，对媒体的作用和边界一直有着浓厚的兴趣。在我看来，媒体之所以如此重要，正因为它是人与人之间的心智通道。每个人既需要内在的动力，也需要人际关系与外部环境的支撑力。媒体既能影响大众的认知，也能帮助个体打破认知边界、升级心智算力。在媒体势能的支持下，个人与企业可以获得发展所需的动力能量与智慧资源；反之，如果遭遇网暴，当事人也会受到严重的负面影响、给个人

（企业）的发展构成巨大的阻力。因此，舆论环境既可以成就个人与企业，也可以毁灭个人或企业。

还记得她刚确定要写这本书时，谈到有关心智方面的话题，我笑说很适合用"心智升级"这个标签，这个方向无论对企业发展还是对个人成长都有很大的意义。对于全球经济，经历过疫情的冲击，国内外经济环境受到前所未有的挑战，面临种种压力，国内的企业家如何在充满变局的当下获得坚定的意志与智慧？对于一般大众，面对全媒体或后媒体时代，如何防御泛信息的轰炸，在真假情报后找到有效着力点？这一切的一切，掌握心智发展的规律都至关重要。

李宜璞将心智的成长规律提炼出三个阶段、九个步骤，同时还整理出了心智发展的落地模型和应用方案。这对企业家、职场人士、家庭和年轻人的心智成长都有很强的指导意义，相信通过这本书，大家也都能踏上自己心智成长的高速公路。

知名财经作家、"New Media"新媒体联盟创始人

袁国宝

自　序

　　"人为什么活着？人生到底有什么意义？"在整理小时候的东西时，我看到自己在小学日记本上写的这两句话，回想起了我的学生时代。从远离家乡求学、工作创业到结婚离婚，这个问题一直困扰着我。

　　大学期间不服输的我报了各种培训班，以接近满分的成绩拿下了当时通信行业稀缺的CCNA国际认证，完成了广电的创业设计培训，提前自学了职业化的培训课程。毕业时主动挑战"只限男生"的国家电网公司的校招面试，"男生能做的，我也能做；不会的，我可以学！"凭借年轻气盛不服输的闯劲，我获得了人生的第一份工作与落户北京的资格。

　　从一无所有到落户北京，拥有别人羡慕的工作，毕业第一年就买房结婚，感觉终于可以扬眉吐气了。可现实不是童话故事，我也并没因此过上梦想中的幸福生活。真实的情况是，我迷茫了，我发现自己一直以来都不知道为何而工作；不明白婚姻意味着什么就稀里糊涂地结了婚、生了子；明明深爱着儿子，却无可奈何地伤害了孩子。从有车、有房、有孩子到胖到190斤、产后抑郁、社交恐惧，最终放弃一切重新开始。迷茫的我开始减肥，我告诉自己："如果你连自己的体重都改变不了，又何谈改变自己的人生？"于是从190多斤瘦到100斤。我想试试成功是不是可以复制，可否把减肥的成功复制到学习、人生和事业上。

于是我把所有的积蓄都拿来学习，学心理、学管理、学投资，不但拿到了国家二级心理咨询师证书，还曾三天通过了基金从业资格考试，成为北京市的创业导师、盖洛普国际认证教练和各专家平台的签约导师。无论多忙多苦，我都挤出时间坚持学习。功夫不负有心人，我慢慢地找到了自己的人生方向，想清楚了自己活着的意义和目标。从怨妇再次回归职场，三个月就升到总监、半年升到副总。后来又做了自己的公司，我从原来的社交恐惧到站在三千人的舞台上给企业家讲课，发现成功其实是有规律的，是可以迁移复制的。回看这一路，我从懵懂、无知、迷茫的少女，成长为明晰自己人生方向的知性、成熟、独立的女性。这期间，我踩了数不清的坑，走了不少的弯路，体验过人间的冷暖，经历过无数个迷茫无助的夜晚，快到不惑之年才找到了答案，活出了自己。

与此同时，我发现不只是我，很多人都被迷茫困扰着、被无助折磨着，想改变却又不知如何是好。所以我开始给年轻人作职业生涯规划和创业辅导，给企业做顾问，在心理咨询中心接咨询，而且2021年起在各个平台开直播，每天雷打不动地开播答疑解惑。这期间我曾经一次咨询帮助初中生成绩从班级倒数上升至年级排行榜前二十；七天咨询帮助一位妈妈挽回了离家出走的丈夫；两个月咨询帮助重度抑郁、有自杀倾向的孩子恢复健康；四次咨询帮助公司提升凝聚力，业绩翻番。写这本书是希望将我发现的"成功和幸福"规律提炼出来，帮助更多朋友搞懂成长的底层逻辑、掌握厘清人生方向的方法，找到通往长远幸福的心智升级路径。

前　言
比大脑更重要的心智

本书是一本深度解密"心智"的图书，书中的观点、方法与工具是通过对现有心智类书籍广泛调研、对国内外心智理论深入研究后，结合笔者个人的心智升级与咨询案例总结提炼出来的。

经历过这些年的高速发展，人们对自己的成长越来越关注，对"心智"这个概念也越来越重视。然而很多书籍和理论对"心智"的认知还比较混沌，要么误以为"心智"就是"认知"，要么把"心智"和"心理"当成一回事，或者认为"心智"是"大脑"的一部分。"心智"到底是什么？它和"心理""大脑""认知"有什么区别，又有什么联系？很多人虽然说不清楚，但是都意识到"心智"对成功和幸福有着重要的影响和意义。

其实哲学家、心理学家为了弄清楚"心智"，已经研究、讨论了两千多年，也尝试给心智下定义，但大都发现无法用简单几句话来解释清楚。直到20世纪90年代，美国著名心理学家、哈佛大学心理学博士丹尼尔·西格尔教授与十余位科学家研讨后确定了心智的定义，即**"心智是调节能量信息流的呈现**

过程和相关过程。"此定义后来被40多位科学家、人类学家与神经学家一致认可。

西格尔教授指出，**"心智"不是仅由人类的神经系统产生的，而是与人际关系的作用共同形成的。**所以，我们无法"拥有"自己的"心智"。这一点非常关键，因为大家往往会把"心智活动"简单地理解为"大脑活动"，或者大脑中神经元放电的现象。事实上，"心智"调节的不只是大脑，而是遍布全身的神经系统功能；而且调节的不只是个体，而是其相关群体的身体和神经系统的交互活动。"人际关系"和"大脑"共同塑造了"心智"，"心智"反过来又能改变"人际关系"和"大脑"。相比之下，"心理"则是指大脑对客观现实的主观反应，而"认知"是研究和理解客观和主观世界的过程，由此还诞生了认知心理学的细分学科。

以丹尼尔·西格尔教授给出的定义，"心智""大脑"和"人际关系"可以这样区分："大脑"是能量信息流的形成机制，"人际关系"是能量信息流的分享机制，"心智"则是能量信息流的调节机制。所以，心智与前两者都有互动作用。"心智""大脑"和"人际关系"一体三面，共同负责能量信息流的产生、传递和转化。本书基于西格尔教授人际神经生物学的心智理论，结合笔者多年的实践，建立了一套帮助个人、组织与家庭高效成长的"心智导航"系统，包括"心智地图""心智罗盘"和"心智力仪表"三个部件。

全书共分为三个篇章。上篇主要介绍"大脑"与"关系"，带领大家弄清楚"大脑"是如何左右我们的判断和选择的，"人际关系"是如何限制和影响我们的，并提出心智成长的三大阶段和九个步骤；中篇详细介绍心智系统的三大分支动力系统、算力系统和控力系统的构成原理和提升方法；下篇阐明了心智系统的教练方法，以及在企业、家庭和情感关系三大场景中的应用。

这本书不只是理论和方法，更是心智升级的自修秘籍和教练手册。希望本书可以陪伴更多人在成长的路上少走一些弯路、少掉一些坑，成为大家"打怪升级"的指路明灯，陪你构建起幸福人生的心智系统，让成功之路更加清晰和平坦。

导 读
这本书，可以这么玩

人类的成长与发展是有共性规律的，比如青春期、叛逆期、中年期、更年期；同时每个人的发展也会有个性规律，比如有的人从小活泼好动，而有的人从小温柔顺从、善解人意。每个人想要成就自己的过程中，必然会受到这两大规律的影响。本书重点围绕共性规律，帮助大家了解心智成长与发展的底层规律，并掌握有效的利用方法。

为了让这本书更轻松易读，本书特别设计成一场游戏，类似元宇宙的虚拟世界的游戏。通关秘籍就是"心智系统"，通关目标是掌握这本秘籍的修习心法，启动心智导航。第一步需要拿到心智罗盘和心智力仪表；第二步需要跑完心智地图的三大板块；第三步是学会应用这一套心智工具，打败"心智怪兽"，完成闯关任务。

所以这本书不是用来读的，是用来玩的！待你集齐全部装备，熟读心法，并与小怪初步切磋过，就掌握了心智升级的钥匙。后期心智力（动力、算力与控力）的提升，就是个熟能生巧、层层积累的事情了。

准备好了吗？现在，跟我一同进入"心智升级"的虚拟游戏场，开启心智升级的研习旅程吧！

（扫码领攻略）

目　录

— PART Ⅰ　心智材料 —

第1章
认识大脑

大脑：多维空间　　　　　004

情绪：三大影响因子　　　021

记忆：从认知到信念　　　035

第2章
认识关系

世界圈：我与世界的关系　052

朋友圈：我与他人的关系　065

自我圈：我与自己的关系　075

PART Ⅱ　心智系统

第3章
"想要做"
的动力系统

启动：如何点燃"渴望做"的斗志　　　092

增广：如何汇聚"四面八方"的力量　　　102

续航：如何获得"用不完"的劲　　　112

第4章
"能够做"
的算力系统

启动：如何激活"洞见本质"的潜意识　　　124

增广：如何获得"算无遗策"的谋划力　　　136

分解：如何建立"无尽成长"的学习力　　　147

第5章
"做成功"
的控力系统

启动：如何拥有"说到做到"的行动力　　　166

增广：如何建立"心想事成"的支配力　　　174

技巧：如何获得"能力倍增"的装备库　　　185

PART III 心智系统的应用

第6章
教练方法

场域：如何搭建心智成长的场域　　212

教练：如何成为心智教练　　223

训练：如何进行心智训练　　235

第7章
应用场景

企业：如何建立"人尽其能"的学习型组织　　256

家庭：如何打造"温暖积极"的亲子成长环境　　268

情感：如何拥有"彼此增益"的亲密关系　　273

后记　　280

参考文献　　282

PART Ⅰ

心智材料

第1章

认识大脑

· 闯关地图：大脑区、情绪区、记忆区

· 通关任务：

    1. 熟悉大脑区、情绪区、记忆区

    2. 打败脑怪、懒怪、记忆小怪，收复大脑

· 本关装备：

    大脑区：左右脑、上下三重脑、第二大脑、

            第七感、觉知之轮

    情绪区：杏仁核、多巴胺、内啡肽、催产素、

            血清素

    记忆区：隐性记忆、显性记忆、觉知之轮

· 通关心法：

    善用我的大脑，而不是任由大脑控制我。

大脑：多维空间

曾经有个网友在我的直播间问，有没有什么办法可以让自己回到过去，回到那个什么都不懂的自己。因为他觉得自己懂得太多，反而更加痛苦了。有人说，懂那么多干吗，多累啊。为什么会这样呢？懂得越多，真的会越痛苦么？

如果不懂那么多，真的就可以避免"自寻烦恼"？就能少遭罪、少受累了吗？

"懂"和"会"的四个阶段

迷路问路的时候，可能会出现一些非常热心的人给你指路，却指错的情况。他们并非恶意，但只是以为自己"懂"。其实"懂"分为四个阶段：**不知道自己不知道、知道自己不知道、知道自己知道、不知道自己知道。**

处于"不知道自己不知道"的阶段时，很随性，很任性，甚至很嚣张。结果，造成身边的人痛苦不堪、问题不断，自己却不以为意。但"问题"会因为我们掩耳盗铃而自动消失吗？对别人的伤害（无论是有意还是无意）会因为我们"无知无觉"而被永久"谦让"与"宠爱"吗？持续地"无知无觉"下去，结果会怎样？

曾经有个大学生找我咨询，说现在不会与人交往了。深入交流后发现她从前没有这个问题，小时候的她很优秀，受到很多人的羡慕和喜欢。但是一次参加比赛的经历令她不会与人交往了。那次比赛，优秀的她赢了比赛，但却被同组比赛的女孩痛哭着大骂，指责她嚣张的行为伤害了自己。那一次她才真的意识到原来自己那么惹人厌。回想起以往在学校的言行，她才知道原来很多人并不喜欢她，只是碍于她的优秀被老师认可，对她敢怒而不敢言。

很多人在自己"不知道"的情况下伤害了别人，这些伤害不可能每次都放过我们，必然会敲醒我们进入第二个阶段："知道自己不知道"。处于这个阶段时要么倍感后悔，要么想自欺欺人地继续停留在"不知道自己不知道"的阶段。如果不接受这个阶段，就会像前面提到的那位直播间的朋友一样，只能顾影自怜，感叹世态炎凉，为什么自己会遭遇这些；后悔自己什么都"懂"了，好像一夜之间看"懂"了人性、看"透"了世道，从而希望能回到过去。那他是真的"懂"了吗？"懂"了一定会被痛苦困扰，被"累"到吗？

其实是"知道做不到"又不愿接受现实的人，才会感到"困扰"和"心累"。**"懂、会、精、通"**是我们做任何事从"不会"到"会"必然要经历的四个阶段。心理学家曾指出，"技能习得"须经历三步：认知、联结和自动化。例如，很多人学过开车或游泳，听教练讲方法、做示范听懂了，会产生一种错觉，好像学"会"了。但是自己上手开车或下水游泳，就会发现手和脚似乎都不听使唤，大脑一片空白，完全不受控制，车开得状况百出，泳还没游就沉底了。

如果此时认清现实，就能从"不知道自己不知道"的阶段，顺利过渡到"知道自己不知道"的阶段。如果能够虚心求教、持续学习、反复训练，虽会经历一段"不舒服"时期，但只要坚持不懈，终能抵达"知道自己知道"的阶段。至于最终阶段"不知道自己知道"，就是肌肉记忆或长时记忆的知识或技能的自动化呈现。

如果发现自己不会时，拒绝接受"不会"的现实，不愿突破"舒适区"，不愿继续学习和练习，又不甘心、不服气，就会卡在"懂"与"会"的中间阶段，陷入无尽的"困扰""苦闷"与"心累"的状态中。

说到这里你或许会发现，痛苦与幸福的背后似乎有规律可循。人生中的每一天、每一件事看似是自己做主，实际上处于大脑的"自动驾驶"模式，任由自己成为大脑的奴隶。也就是说，大多数时候是大脑控制着我们，而非我们控制着大脑。所以，游戏的第一关就是，搞定"情绪小怪兽"，拿回"大脑"的操控权。接下来就让我们一起进入"大脑"的领地。

左脑与右脑

为什么有些人容易情绪化，遇到一点问题情绪波动就很大，而有些人却能够冷静地处理？为什么有些人总是一本正经、不苟言笑的样子？我们知道，大脑为左右两个部分，这两部分不只是解剖学上分离，在功能上也有着明确的分工。于是每个人的用脑习惯差异很大，有些人为人处事习惯用右脑（创造思维），较为感性，遇事容易冲动；另外一些人无论遇到什么事都更喜欢用左脑（逻辑思维）来思考和处理，总能保持理智，很少感情用事。要知道，左脑模式和右脑模式非常不同：左脑更"数字化"，右脑更"模拟化"，如图1-1所示。

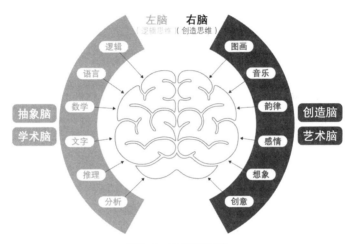

图1-1　左脑与右脑

我们可以理解为左脑是**抽象脑**（学术脑），功能包括：逻辑、语言、数学、文字、推理和分析。它更擅长理性信息的分析，是逻辑的、语言的、求实的。左脑关心规则和规律，热爱并渴望秩序。

而右脑则是**创造脑**（艺术脑），功能包括：图画、音乐、韵律、感情、想象和创意。它更擅长情感信息的解读，是全面的、非语言的、经验化的、自传体式的。右脑更关注非语言的信息沟通，比如面部表情、眼神、语气语调、身体姿势、手势等情绪信息。

如果让右脑当家作主，会怎么样？答案是情绪泛滥，会陷入如盲目决策、冲动消费、歇斯底里或胡搅蛮缠。如果让左脑当家作主呢？这样的话则会情感荒芜，会陷入刻板无趣、没有人情味甚至冷酷无情。众所周知，无论是情绪泛滥，还是情感荒芜，都会造成很多问题。

大脑之所以分为左右两部分，是为了帮助我们完成更复杂的目标、执行更困难的任务。如果不能整合大脑，只从一侧大脑获取经验，就会遭遇各种问题。哪些情况是这样的呢？

每个人都有自己的偏好和习惯，比如用左边牙齿咀嚼东西习惯了，忽然有一天左边牙齿坏了去修补，明知道得用右边牙齿咀嚼东西，却发现下意识地还是会用左边。同样，当我们一侧的大脑用顺了，也会下意识地习惯依赖这一侧的大脑。

比如，有些女性遇到问题，先考虑的是"对方是不是对我有意见""他是不是不爱我了"。男性朋友很不能理解，怎么一天到晚疑神疑鬼的。这些男性朋友遇到问题时会优先思考"是不是我哪里做错了""是不是她哪里逻辑不对"。不过，虽然男性与女性的大脑发育存在差异，确实也有些男性会习惯于依靠右脑考虑问题，有些女性会习惯依靠左脑分析问题。当然，那些既能用右脑去感受，又能用左脑去思考的人，则是又善解人意又聪慧睿智。

当我们任由大脑凭借习惯和偏好来处理日常信息与问题时，是不是像极了"甩手掌柜"？然而问题是，大脑并不是自我们一出生就发育成熟了，哪怕当我们成年以后，它还在持续变化。是不断优化升级、变得更好用，还是"bug"增多，变得更慢、更难用？这就要靠我们来选择了，可以选择有意识地训练大脑为我所用，也可以选择放任自流、叠加"bug"、制造问题。

上下脑与三重脑

大脑不止分为左右两个区域。人类的大脑经历了近6亿年的演变和进化，经过漫长的岁月才进化出现在的"上下脑"与"三重脑"的结构，如图1-2所示。

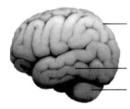

理智脑（新皮层）：源于灵长动物时代，主管认知（人类独有） ⇨ 上层脑

情绪脑（下丘脑、海马体、杏仁核等边缘系统）：源于哺乳动物时代，主管情绪
本能脑（脑干和小脑）：源于爬行动物时代，主管欲望与本能 ⇨ 下层脑

图1-2 上下脑与三重脑

早在公元前4世纪，伟大的哲学家亚里士多德创造了劝说模式，提出说服别人有三种方式：人格诉诸（本能）、情感诉诸（情感）和逻辑诉诸（逻辑）。1990年，著名神经科学家保罗·D.麦克莱恩博士在《进化中的三重脑》一书中第一次提出：人类拥有的大脑不止一个，而是三个。这三个大脑是人类

进化的产物，像蛋糕一样层层叠加，形成了三层。再后来，德国的加西亚·费雷斯科博士发表了一篇《销售神经科学》论文，提出人脑可以分为三个区域：理智脑、情绪脑和本能脑（爬行脑）。

　　《认知觉醒》一书的作者指出，本能脑的发展经历了约3.6亿年，情绪脑的发展经历了约2亿年，而理智脑的发展经历了约250万年。按照这个比例，如果本能脑是100岁，情绪脑则是55岁，而理智脑还不满1岁。可想而知，本能脑对于我们的影响最直接，也最根深蒂固；理智脑虽然最先进，但相较于情绪脑和本能脑，就显得较为弱小了。

　　爬行脑（本能脑）最为古老，由脑干和小脑组成。后来进化出了哺乳类脑（情绪脑），也就是大脑边缘系统或中脑，是海马体和杏仁核所在之处，它们负责释放情绪的化学物质和神经递质，掌控情绪。再后来进化出了新的大脑皮层（理智脑），它更为理性，逻辑性也更强，而且能够参与推理和开展高阶思维活动。这个理论被后续很多心理学家认可并继承，当然也有反对者称，我们的大脑并不是割裂的。不过可以肯定的是，不同的区域侧重的分工会有所不同。另外还要注意，**我们的大脑是自下而上建立的**。

　　《身体从未忘记》一书的作者、世界知名心理创伤治疗大师巴塞尔·范德考克提出，当我们还在子宫时，大脑就开始层层发育了。也就是说，本能脑从我们出生时就开始投入使用。正因为有了本能脑，婴儿一出生就会呼吸、吃喝拉撒、睡觉、哭闹，也会有冷暖、饥饿、潮湿、疼痛等感觉，能够进行新陈代谢等。而情绪脑包括脑干和海马体，与本能脑配合来控制身体，负责身体的心肺、内分泌和免疫等功能，从而确保我们的健康状态，同时通过激素来维持内在的平衡。

巴塞尔·范德考克认为，情绪脑是由爬行动物脑与哺乳动物脑共同构成，这也是另一部分心理学家的划分方式，将大脑分为"上下脑"。他认为，哺乳动物脑负责对危险的洞察，是情绪的所在地，出生之后就开始飞速生长。因此我们才有了判断愉悦和惊吓的能力，和决定什么是不重要、不影响生存的能力。按照这个分法，上层大脑（理智脑）负责关注外部世界：理解外界的人和事，发现问题，找到解决办法，以及管理时间和行为排序，以助于目标的实现。下层大脑（情绪脑和本能脑）则负责剩下的一切：记录和管理身体其他的生理需要，负责识别安全和威胁、饥饿和疲倦、舒适和欲望、兴奋和痛苦。

情绪脑是个控制中心，负责应对各种挑战。值得注意的是，当我们感觉安全和被爱时，大脑就会特别擅长探索、游戏和合作；如果我们总是受到惊吓或感觉不被需要，大脑就会习惯性地感知恐惧和抛弃。因此，每个人不同的成长环境与童年记忆，会对自身行为和性格产生不同的、持久的影响。这就形成了每个人个性化的性格特点。

哈佛大学心理学博士丹尼尔·西格尔也指出：下层大脑在婴儿出生时就已经十分发达，而上层大脑则要到2岁时才开始急速生长，到20多岁才能发育成熟。也就是说，从婴儿期到青春期，上层大脑一直在大规模施工；而到了成年初期，还要再经历一次大规模的改建。这也是为什么基本每个孩子在十几岁都会出现不同程度"叛逆"的原因。在我们发育成熟前，上层大脑就像个未完工的工程，所以年轻人容易浮躁、没有定性，而三十岁以后的成功才更容易守得住。古人说三十而立，"立"其实不是指有车、有房、有事业，而是形容一个人的心性更加趋于成熟和独立。

如果没有上层大脑的作用，无论成人还是孩子，都容易情绪化、作出荒谬的决定，或者缺乏共情与自我理解的能力。当然也要明白，个体基因和成长环境的差异必然会让一些人更早地成熟，而让另一些人更晚地成熟，甚至有人一辈子都像个长不大的孩子。

总的来说，心理学家们的统一观点是：下层大脑更加原始，负责人体基本功能，与生俱来的反应、冲动和强烈的情感，比上层大脑处理信息更简单、粗暴和快速。而且为了保护我们的安全，更擅长在危机到来时逃跑和躲避。而上层大脑的进化程度更高，负责一些高级的分析和思维功能，能够更加成熟、冷静地处理复杂的信息和选择。

需要注意的是，这并不意味着我们可以以此作为逃避和做不成事的借口。恰恰相反，掌握了这些原理，才能让我们更清楚大脑这个"装备"的运作规律，从而更好地利用它，而不是被它利用。要知道，上层大脑既能监视下层大脑的行为，也能帮助下层大脑平息那些强烈的反应、冲动和情绪。如果放弃对还不够成熟的"大脑"进行监控、升级和改造，就如同坐在不够成熟、充满"bug"的汽车里，不管不顾地开启自动驾驶模式一样危险。

不断地升级、改造大脑，成为大脑的主人，而不是让大脑带着我们任性和"裸奔"，才是我们"做成事"的底层逻辑。

第二大脑

除了前面讲的传统意义上的"大脑"外，还有个"第二大脑"，它甚至可以直接影响我们的"大脑""情绪"与"行为"。科学家将肠道神经系统称为"第二大脑"。肠道神经系统是由超过1亿个神经细胞组成的薄层，共有两层，覆盖整个消化道内部，从食道一直延伸到直肠。因此，如果我们只为了满足口腹之欲而饮食不当，影响的不只是身体健康，而且直接令大脑昏昏沉沉、迷迷糊糊。如果肠道得到的食物营养不足，那么"大脑"可能会因营养不足或低血糖情况而暂停工作，或效率低下。

2010年，杜克大学神经科学领域的科学家迭戈·博尔克斯发现，肠道的场内分泌细胞有"足状突起"，类似神经元用来交流的突触。博尔克斯据此推测，这些细胞可以用像神经元那样的信号与大脑"对话"。

医学界也已经开始研究脑肠轴，解密它是如何影响我们的大脑、情绪和行为的。科学家发现肠道能够对大脑的工作方式产生巨大的影响。虽然大脑在人体体重中所占的比例极低（约2%~3%），但它却消耗着人体摄入营养的20%。要知道肠道负责为身体与大脑提供主要的能量，而且消化道内有超过1亿个神经细胞，是肠道神经系统的一部分，所以营养物质会对大脑日常工作方式产生巨大的影响。肠道神经系统与中枢神经系统都是从相同的组织发育而来，而且它们通过迷走神经保持联系。在许多方面，这两个系统相互映照，包括工作中使用的许多神经递质都是相同的，比如血清素、多巴胺等。与大脑一样，肠道神经系统也会产生新的神经元，受损后仍然可以修复。

当整合了"左右脑"、上下"三重脑"、"第二大脑"共同为我们所用时，就更容易做出明智的决策、更高效地运用我们的身体和情绪，达成我们想做的事，而不是"大脑"习惯做的事。那么问题来了，如何才能收服"大脑"为我所用呢？接下来就开启一个人人都可以具备的"超能力"——第七感。

第七感与觉知之轮

美国著名心理学家丹尼尔·西格尔结合长期的心理治疗临床实践和行为与脑科学的理论研究，提出了"第七感"的概念："它是发展情商和社交商的重要基础，它是一种专注的注意力，使我们能看到自己的心理活动。它有助于我们感知自己的心理过程，又不会被这些过程侵袭；它使我们能够摆脱根深蒂固的行为以及习惯性反应，远离可能会陷入其中的被动的情绪循环。它使我们能够正确理解并驯服自己的情绪，不被这些情绪压垮。它不但能了解我们自己的心理，也能了解他人的心理。"

西格尔教授指出，洞察自己的内心是心理健康和幸福的开始。而且他还创造了一个可以训练"第七感"的模型——"觉知之轮"（如图1-3）。也就是把我们的内心比作一个转动的自行车轮，中心是本源，向外围辐射。车轮的外围代表着我们能注意到或意识到任何事物，比如情感、思想、欲望、梦想、记忆、身体感觉等。而本源就如同我们的"执行大脑"，位于上层大脑的前额叶皮层，是我们作出重要决定的地方，由此产生我们对万事万物的感知。也就是说我们的意识产生于此，我们因此才能够关注到万物的各种存在。

图1-3 觉知之轮

有趣的是，基辛格咨询公司联合首席执行官、全球知名思想家乔舒亚·库珀·雷默也写了一本畅销书《第七感》。他认为"第七感"是"对相互连接的世界的感知力"，是新时代人人必备的感知能力。他指出一旦人们拥有第七感，就能成为思想、认知领域的引领者，将突破大众惯用的、以地理思维为主导的思维方式，开始运用时空思维展开思考。这样的人能够透过事物的表象看到本质，具备预见未来发展的能力。你会发现乔舒亚·库珀·雷默所说的第七感，恰好是西格尔教授所说的对外洞察能力。

早在19世纪末20世纪初，德国著名哲学家弗里德里希·尼采曾指出："第六感是对历史规律的感知，人类只有具备第六感才能在当时看似疯狂的工业革命中生存下来。"尼采指出："人的生命有着特定的节奏和基调，就像在长跑比赛中，选手需要对整个路线有所把控，才能控制好速度。没有对路线的整体把控意识，就有可能在不恰当的时机减速或不当加速而精疲力竭。"

而乔舒亚·库珀·雷默提出，第七感是为今天这个连接的时代而生。这个连接不单是指与互联网连接，还有与我们周围无处不在的整个网络世界的连接（关于"连接"第二章会专门展开）。他认为具备第七感的人看到任何事物，都能发现其后蕴藏的潜能，而这是其他人无法看出的。比如，企业家看到闲置的汽车座位，会产生灵感建立系统化运营，颠覆出租车产业；金融家看到货币，就会想着如何优化金融交易；创新者看到有价值的信息，会尝试建立平台来解决别人所要解决的问题。

那么现实中，真的有这样的人吗？被誉为日本"经营四圣"之一的稻盛和夫先生，27岁白手起家，第一家公司就做到了世界五百强。不仅如此，他之后跨领域创业，建立的第二家公司亦成为世界五百强。这还不算完，上市公司日本航空即将破产时，日本政府出面邀请已是78岁高龄的他挽救日航。他分文未取，答应拿出3年来试试，于是零工资出任破产重建的日本航空董事长，仅仅1年就将负债15235亿日元的日航公司扭亏为盈，2年零7个月带领日航重新上市，并创造了纯利润高达1866亿日元的营收奇迹。这样一个屡屡创造奇迹的企业家，他相信"心想事成"是存在的，并在他的新书《心》的开篇表示"人生的一切都是自己内心的投射"，书的最后一章还不忘强调"培育美好心根，一切始于心，终于心"。同时他反复强调："人生的目的，归根结底，就是提高心性，除此之外，人生再无别的目的。"

更加有趣的是，经过研究我发现，"第七感"的整合性能力和稻盛和夫所说的"提高心性"、培育美好"心根"的能力，与王阳明心学中"知行合一"的"致良知"能力有着异曲同工之处。早在400多年前，中国的古圣先贤对人心、人性，以及"做成事"的规律就有了深入的研究。阳明心学在朱熹理学的基础上提出"心即理"，倡导我们要"光明良知"。后来我才明白阳明心学中所说的"良知"不仅指善恶好坏，或劝我们品德高尚守规矩，"良知"真正的意思是告诉我们，每个人都有洞察万事万物本质和规律的能力。而且如果想"光明良知"，就要在事上磨，知行合一。王阳明用自己一生的真实经历验证了"内圣外王"的内在力量与修习方法，时至今日在世界各地广为流传。

如何才能掌握这种能力呢？如何用觉知之轮、左右脑、上下三重脑工具分析问题呢？下面给大家举个例子。一个小女孩很想每天坚持锻炼，用觉知之轮识别出自己的感受以及当下"掌权"的大脑区域，如图1-4所示。

图1-4 "每天锻炼"的觉知之轮

其中，轴心本源为：每天锻炼。通过填写觉知之轮，她发现：

她的记忆是：之前有时会成功，有时会失败。

她的思想是：每天跑3公里应该还是可以做到的。

她的梦想是：更瘦一点，更优雅一点。

她的认知是：可以去努力试下。

她的情感是：很期待自己能做到。

她的感官是：会有点累，可以承受。

她的欲望是：想吃零食和美食。

在填写记忆时，她的状态并不是很低落，还是处于理智状态的，所以她正在用上层的理智脑帮她理性地分析，用到的是左脑的思考和判断；她在填写欲望时，明显被内在的一种力量牵引，感觉很强烈，所以被下层的本能脑和情绪脑占了主导地位；在填梦想时，也受到一股强烈力量的鼓动，给了她更多动力，这时情绪脑起到了正面的助力；在填情感时，虽然开始会害怕失败，但在她填前面内容的影响下，让她回到了正向状态，瞬间充满期待。这样，通过左右脑来调整、整合自己，让下层大脑的情绪脑为她所用，给她助力。

当她完成填写时，发现有更多的状态是积极可控的，便夺回了对大脑的控制，让大脑很好地帮助了她。

恭喜你已经跑完了"大脑地图"，可以与守关小怪"脑怪"过过招了！

脑怪的挑战：

用觉知之轮、左右脑、上下三重脑工具分析你的问题。

1. 在觉知之轮的核心写上你想要解决的问题；

2. 在轮盘外围对应的板块中写出你的现状；

3. 尝试识别一下，你都用到了大脑的哪个区域？

通关心法：

善用我的大脑，而不是任由大脑控制我。整合左右脑、上下三重脑。

教练提示：

如果在某个位置，你发现自己正处于下层大脑做主、非常负面的情绪感受中，可以调动你的上层左脑，找出带给自己希望的方法、感受和位置。这样就能做回大脑的主人，从负面的下层大脑切换成正面的下层大脑状态，能量就会瞬间变换，你也就从危险的自动驾驶模式顺利地切换为自己驾驶模式了。

和脑怪过完招，相信你往下挑战的信心更足了。那我们接下来就来开启新的版图，去探究一下知行合一的奥妙。看看如何来搞定"懒怪"！

情绪：三大影响因子

"吃完这顿明天就减肥""明天就开始晨练""明天就开始读书"……是不是很熟悉？你是否也曾"晚上想想千条路，早上醒来走原路"？没错，这就是我们最熟悉的"懒怪"！如何才能打败"懒怪"呢？来看看在生活中我们是如何被它打败的。同样以"每天坚持锻炼"为例，失败的人的想法逻辑和"掌权"的大脑状态，以"觉知之轮"来梳理可能是这样的（如图1-5）。

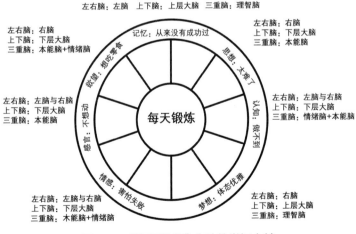

图1-5 "每天锻炼"失败的觉知之轮

轴心仍是"每天锻炼",但各部分的思路和掌权区域有所变化。

她的记忆是:之前从来没有成功过。

她的思想是:太难了!

她的梦想是:更瘦一点,更优雅一点。

她的认知是:根本就做不到嘛。

她的情感是:害怕失败!

她的感官是:完全不想动!

她的欲望是:想吃零食和美食!

你觉得她会成功吗?恐怕不用等她行动你也能预测到结果:必然失败。因为她完全被下层的情绪脑和本能脑控制了,满脑子都是对失败的恐惧,以及对恐惧的抗拒情绪。左脑也在被"下层大脑"挟持和"欺骗"的情况下,做出了"太难了"的判断和"完全不想动"的行动决定。

当"下层大脑"掌握大脑主控权的时候,为什么明明是自己想做的事,却如此懒惰和拖延呢?下层大脑到底有何魔法,让理智脑束手无策,让左脑被蒙蔽而丧失判断力和行动力呢?它到底放了什么大招?

你还真别说,下层大脑还真有几名大将:"操盘手"杏仁核、"贪婪的"多巴胺、"淡定的"血清素、"乐观的"内啡肽和"善解人意的"催产素。虽说它们武功高强,然而一旦你搞定了它们,就能拥有自己的超强生化军团,期不期待?

"操盘手"杏仁核

心理学家研究发现，情绪主要是无意识的心理过程。之所以"无意识"是因为下层大脑有个"操盘手"杏仁核。

当信息传入大脑作决策时，信息会同时传给上通路的"前额叶"与下通路的"杏仁核"。然而，当经历诸如恐惧、愤怒、伤心等极端情绪时，信号将更快地到达"杏仁核"（如同"烟雾探测器"），并在"海马体"的帮助下飞速地得出结果，达成"动作方案"，比如逃跑或出击。而上层理智脑的主帅"前额叶"抢不过下层情绪脑的操盘手"杏仁核"和"海马体"。在危机到来时，理智脑的前额叶往往丧失主导权，令人处于"无意识"的状态。

比如，开车时忽然冲出一个小孩，我们会下意识地猛打方向盘躲开，完全来不及判断打方向盘的方向有没有其他危险；或者因为受到挫折而暴怒吵架，甚至产生暴力行为；再比如害怕虫子的人，看到虫子就控制不住地被吓跑，哪怕"理智"知道没有危险，如图1-6所示。

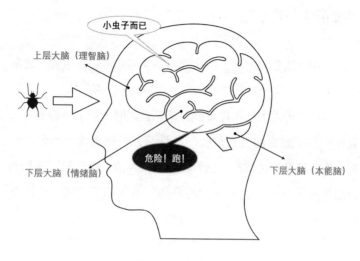

图1-6　大脑结构

情绪脑中的结构决定了我们认为什么是"最危险的",海马体会将情绪进行分类,杏仁核会将不同类型的情绪意义赋予行为,从而选择是否抢夺主控权。比如说,有些朋友从小被虫子吓到过,见到虫子就害怕。虫子真的危险吗?其实不危险。虽然他的理智脑知道完全不用害怕,但杏仁核已经根据"危险信号"直接拿到了控制权,采取了行动"跑"。这个情绪是不由他的"理智脑"反馈,就做出了"危险"的判断和"逃跑"的决定。这就是理智脑与情绪脑一贯的沟通模式。

哪怕他认为男子汉大丈夫怎么能怕虫子,想让自己勇敢点,但是如果他不能"有意识地"夺回对大脑的主控权,就只能做出令自己失望的行为。因为理智脑得到信息往往比较滞后,在危机过后才有机会启动理性思考,结果为时已晚。

每当我们遭遇挫折、挑战时，"懒怪"就跳出来了。"懒怪"会策反情绪脑去和理智脑对抗，冲动的情绪脑会联合本能脑，"痛苦和不适"是它的筹码，甚至胃、心、肺等器官都开始闹事，让我们感到各种痛苦和不适，让杏仁核和海马体相信："危机真的来了，快点逃吧！"从而顺利跳过"前额叶"，帮助情绪脑完成了篡位夺权。这就是为何在极端情绪中，我们会有胃疼、心慌、气短等反应（哪怕体检结果显示身体是健康的）。这也是我们都经历过的内耗，因为真的会消耗身心的资源，甚至损害身心的健康。这就是"懒怪"的必杀技"自我暗示"的工作原理：通过联手"放大危机"引起我们的重视，让我们忽略了理智脑其实比情绪脑和本能脑聪明，是有无限潜能解决各种复杂问题和危机的。当被夺权的理智脑败下阵来，便会顺从"懒怪"，逃避那些原本能够解决的问题，选择欺骗自己："太难了，逃避是对的。"

这里举的是虫子的例子，生活和工作中其他"害怕做"或"懒得做"的事也是如此。比如被认为"笨"的孩子，会在"自我暗示"下真的"学不会"，认为自己做什么都会失败，甚至会在"自我催眠"下最终一事无成。这种"自我暗示"的影响力有多大？如果杏仁核过度紧张，人是真的可能被自己吓死的。

历史上心理学家曾做过一个颇为残忍的实验。1934年，印度首都新德里的几位心理学家，为了验证心理暗示的影响力做一个离奇的实验。受试者十分难找，几经周折他们在法院和警察局的帮助下，采用了一位死刑犯。

有一天，警员将罪犯带到实验室，告诉他："由于你罪大恶极，现决定对你执行死刑，方式为流干鲜血而死。"然后将罪犯捆到床上，手臂伸出床外并固定好，同时将罪犯的视线隔开。一位医生拿了一把明晃晃的手术刀到罪犯面前，告知他："等下会用这把刀切开你的动脉血管执行死刑。"并用手术刀在其动脉处划了个小口，因为伤口很小，少许鲜血流出后不久就自行凝固了。但心理学家在罪犯的手臂下放了一个回音很好的金属盆，以滴漏用水模拟血流不止的假象，一滴一滴滴到盆里。

房间里极为安静，几位装扮成医生的心理学家会暗示罪犯，一会窃窃私语："已经有300毫升了。"一会又说："快半盆了。"随着滴答、滴答的声音，心理学家们发现罪犯的脸色开始变得苍白，好像真的失去了血色。又过了一会，罪犯的呼吸微弱起来，最后竟然真的面色惨白地死去。

杏仁核之所以有"特权"，能够从理智脑的前额叶那里"夺权"并且有这么强大的影响力，并不是为了伤害我们，恰恰是为了保护我们。因为理智脑处理信息的速度不够快，当真正的危机到来时，会错过最佳的处理时机。比如车祸来临前，会释放大量的压力激素，激活神经系统反馈，令我们心跳加速、血压升高、出冷汗和手脚颤抖。这些反应都是"危险"的"预警信号"，促使杏仁核激活自救方案，从而救自己一命。如何才能避免杏仁核"被策反"来伤害自己，甚至让其"为我所用"来有所成就呢？为何有的人就能克服恐惧和挫折，做出恰当的行动，拿到想要的结果呢？仔细观察我们会发现这些人非常"自律"和"自控",对自己的言行有着强大的控制能力。相反,常常被"懒怪"打败的人很容易陷入失控状态,所以搞定"杏仁核"就显得至关重要了。

世界知名心理创伤治疗大师、波士顿大学医学院的精神科教授巴塞尔·范德考克指出:如果我们想更好地控制情绪,从"失控"的情况下恢复理智,有两种方式:**一种是自上而下,另一种是自下而上**。要么让上层大脑的"前额叶"夺回控制权,要么让"杏仁核"从警报状态解除,转换到相对正能量的方向。前一种需要调整自律神经系统。呼吸、运动和触摸都可以快速、有效地调整自律神经系统,通过变换姿势或转换场景等刺激方式,帮助唤醒上层大脑。后一种是通过让下层大脑感觉到安全感从而放弃对大脑的控制权。比如太极、瑜伽等运动可以帮助练习者恢复平静,再比如拥抱或抚摸受到惊吓的孩子,可以帮助他恢复平静。值得注意的是:**呼吸是唯一一种既可以用意识控制,又可以自动进行的身体功能**,也是我们搞定"杏仁核"、夺回大脑主控权的绝招。

当然,我们需要明白,情绪脑与理智脑并不是对立关系。情绪能够感知并调解我们的体验,因此情绪也可以成为理性行为的基础。每个人的经验都是理性大脑和感性大脑平衡下的产物。两个系统相互平衡时,我们才"拥有自我"。当我们感知到生存受到威胁(情绪脑和本能脑认为的威胁)时,这两个系统也能够相对独立地运作。因此我们只要勤加练习,就能让情绪脑与理智脑成为好搭档,共同辅佐我们实现梦想。

"贪婪的"多巴胺

　　为了让操盘手"杏仁核"更好地为我所用，我们还需要了解它旗下的一众"将领"，为首的就是"贪婪的"多巴胺。它如同心性未定的孙悟空，能耐大，危害也大。要想了解"它"的身世，我们需要先回到它的领地——大脑。

　　澳大利亚昆士兰大学心理学教授约翰·道格拉斯·佩蒂格鲁发现，大脑将外部世界分为两个独立的区域来管理，即"远体的"和"近体的"，也就是远处、看不到、未来的不可控世界，以及近处、可看到、当下的真实世界。大脑匹配了相应的资源来管理这两块区域。

　　在大脑中，"远体的""向上的"①世界依赖一种化学物质——单分子**多巴胺，来关注预期和可能性，它是欲望的来源**。它由大脑中0.0005%，即二十万分之一的脑细胞肾上腺素产生。别看它少，却能对行为产生巨大的影响。对多巴胺来说，拥有是无趣的，只有获得才有趣。它有一个非常特殊的职责：最大化地利用未来的资源，追求更好的事物。科学家发现当产生多巴胺时，人们就会体验到快乐的感觉，多巴胺的活性一旦降低，快感就随之消失，因此大脑会不遗余力地为了激活多巴胺而行动。于是有一些科学家给多巴胺取名为"快乐分子"，而把大脑中产生多巴胺的途径称为"奖赏回路"。但经过后续的研究他们发现，多巴胺与"快乐"没有必然的关系，

---

① 指向需要仰望、需要付出、需要思考和计划才能得到的东西，或者说尚未得到的东西；与之相对，"向下的"指向已经拥有的东西。——编注

但它的影响力却比"快乐"大得多。神经心理学研究显示，多巴胺能够帮助放大较强的信号、削弱较弱的信号。比如为了看到好看的短视频而不断地刷手机，比如追求爱情的年轻人不断地更换伴侣，比如药物、毒品上瘾等等。乔治·华盛顿大学精神病和行为学部临床事务副主任丹尼尔·利伯曼和他的搭档迈克尔·E.朗的最新研究指出，多巴胺并不是"快乐分子"而是"预期分子"，还专门出版了一本书《贪婪的多巴胺》。

他们研究发现，多巴胺与负责"近体的""向下的"化学物质不同，让你去渴望你没有的东西，并驱使你去寻找新的东西。关于多巴胺的本质，《贪婪的多巴胺》一书中讲得很透彻："你服从它，它就会奖励你；你不服从它，它就会让你痛苦。它是创造力的源泉，甚至是疯狂的源泉；它是上瘾的关键因素，也是康复的途径。它让雄心勃勃的管理者不惜一切代价去追求成功，让成功的演员、企业家和艺术家在拥有了梦想中的金钱和名望之后，还会继续工作很长一段时间；它使得生活美满的丈夫或妻子不顾一切地寻找婚外的刺激。它是一种无可否认的欲望源泉，这种欲望驱使科学家去寻找解释，驱使哲学家去寻找秩序、理由和意义。

"它既是我们梦想发动机的燃料，也是我们失败后会绝望的原因。它是我们不停地探索和成功的原因，是我们有所发现和生活富足的原因，同时它也是我们不会一直很快乐的原因。因为一旦你通过努力实现了梦想或所需，它就会消失，从而令你感觉到失落。它不仅让你突破高难度领域，而且激励你去追求、控制、拥有你无法即刻抓取的世界。它驱使你去寻找遥远的东西，不仅包括物质的东西，也包括看不见的东西，比如知识、爱和影响力。"

在中脑边缘回路的多巴胺会产生冲动，我们称该回路为"多巴胺欲望回路"。当然有欲望回路，就有对付它的办法。大脑中也有专门对付它的"多巴胺控制回路"——负责计算和规划的中脑皮层回路。因此我们可以以其人之道还治其人之身，通过多巴胺控制回路来善用多巴胺（追逐欲望的单纯特质）。用对我们有利的欲望代替不利的欲望，比如用实现价值与受人尊重的高级欲望代替荒淫无度的低级欲望，再比如用玩的方式学习或为了分享而学习等。当然我们还可以通过"安于现状"的当下分子来替代多巴胺，来抑制它的无限贪婪。它们就是擅长活在当下的"淡定的"血清素、"乐观的"内啡肽和"善解人意的"催产素。

"安于现状"的当下分子

"向下的"近体世界由一些被称为神经递质的化学物质所控制，它们让我们体验到满足感，享受当下拥有的一切。我们把向下的化学物质称为"当下神经递质"或"当下分子"——**血清素、催产素、内啡肽和内源性大麻素**。

其中，内啡肽是一种我们在应对压力时分泌出的类似鸦片的化学物质相当于大脑自产的吗啡。**内啡肽可以帮助我们在经历挫折时勇敢面对，甚至产生快感**，又被称为"快感荷尔蒙"或者"年轻荷尔蒙"。值得注意的是，锻炼是一种被低估了的身心治疗方法，有氧运动不仅能促使抵御沮丧情绪的内啡肽的释放，还能促进大脑的生长。心理学家发现，长时间、连续性、中量至重量级的运动或者深呼吸可以促进大脑分泌脑内啡。大脑会在内啡肽的激发下，身心处于轻松愉悦的状态中，免疫系统实力得以增强，并能顺利入睡，消除失眠症。这也是为什么很多焦虑症或重度抑郁的朋友通过长跑等运动完成了自我的疗愈。

另外，心理学家还发现杏仁核的敏感度至少部分依赖于血清素的浓度。**血清素可以帮助我们在面对压力和刺激时更加平静和放松。**当血清素浓度低时，会导致人们对压力刺激产生亢奋的反应；而血清素浓度高时则会让我们觉得放松，不但可以抑制我们的危机反应，甚至可以令我们对威胁产生的攻击或者吓呆的反应消失。自然也有利于社交能力的提高。有趣的是"多巴胺体质"（多巴胺分泌较多）的朋友更容易冲动、好胜，"血清素体质"（血清素分泌较多）的朋友会显得更加理性、淡定，因此也有心理学家针对多巴胺、血清素等不同的性格表现来识人。

而**催产素可以让情侣从"激情之爱"顺利过渡到"陪伴之爱"的稳定持久状态。**代表着渴望与痴迷的"预期分子"多巴胺，其实是为了生存和繁衍来开启一段关系而诞生，一旦爱情进入第二个阶段，多巴胺就会被抑制。主管女性当下分子的"催产素"和主管男性的"血管升压素"会激活"陪伴之爱"，如果彼此的"当下分子"掌握主导权就能享受持久稳定的陪伴之爱。

内源性大麻素系统调节和控制我们许多最重要的身体功能，例如学习和记忆、情绪处理、睡眠、温度控制、疼痛控制、炎症和免疫反应以及饮食。它们能让你体验眼前的一切，让你立即品尝和享受，或者作出战斗或逃避的反应。它们让我们可以享受我们拥有的东西，而不仅仅是去无休止地得到东西。同时它们也会让我们沉溺于当下而忽略未来的机会与危机。当然，这个时候就可以借用多巴胺来激励一下这些当下分子了。比如可以用梦想激励自己持续成长，用潜在危机激励自己优化公司管理，等等。

"觉知之轮"恰恰能够帮助我们激活第七感，收复"杏仁核""多巴胺"和"当下分子"，快速夺回"大脑"的控制权和身体"驾驶权"，是打败"懒怪"必备的"护体装备"。接下来我们就戴上"觉知之轮"这个装备来与"懒怪"过过招。

懒怪挑战：用觉知之轮、当下分子和多巴胺重构你的问题。

1. 在觉知之轮的中间写上你想解决的问题；

2. 尝试识别一下，哪些是当下分子的决定，哪些是多巴胺的决定；

3. 制定出智斗并俘获它们的方案。

例如，还是前面"每天锻炼"失败的例子，分析起作用的关键因子如图1-7。

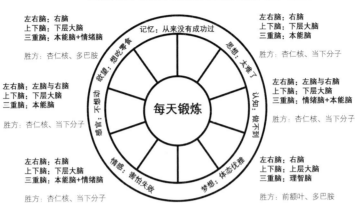

图1-7 "每天锻炼"失败的觉知之轮

她的轴心是：坚持每天锻炼。

她的记忆是：之前从来没有成功过（胜方：**前额叶**、**当下分子**）。

她的思想是：太难了（胜方：**杏仁核**、**当下分子**）。

她的梦想是：更瘦一点，更优雅一点（胜方：**前额叶**、**多巴胺**）。

她的认知是：根本就做不到嘛（胜方：**杏仁核**、**当下分子**）。

她的情感是：害怕失败（胜方：**杏仁核**、**当下分子**）。

她的感官是：完全不想动（胜方：**杏仁核**、**当下分子**）。

她的欲望是：想吃零食和美食（胜方：**杏仁核**、**多巴胺**）。

由此可以看出，除了梦想那条，前额叶都输了，"记忆"这项虽然前额叶占主导，但也是当下分子让它选择接受现实。

而欲望这项，不但杏仁核赢了，而且多巴胺还放大了它的欲望。

我们来看一下解决办法：

①穿得美美的或酷帅的，去体育场看看帅哥或美女。原理是"自下而上"，利用杏仁核和多巴胺的弱点："杏仁核+多巴胺"。

②加入跑团和朋友们一起运动。原理是"自上而下"，调动前额叶的优势和当下分子安于现状的特点："前额叶+当下分子"。

记忆：从认知到信念

搞定了"脑怪"和"懒怪"之后，我们就可以腾出精力来修习"内功"了。你有没有发现有些人像打不败的勇士，越挫越勇，比如将红塔山打造成中国名牌香烟、使玉溪卷烟厂成为亚洲第一的褚时健，入狱获释74岁从头再来，创业种出中国最贵的"励志橙"。大脑的"可塑性"到底有多大？

最近神经学领域的发现表明，大脑在人的一生中会因阅历而发生持续性改变。也就是说，我们的经历可以改变大脑的结构，哪怕出现了神经损伤，大脑也仍有很强的可塑性。比如因为事故丧失双臂的残疾人，只要不放弃，勤加练习甚至可以用脚做饭、作画，完成很多原本需要用手才能达成的工作；再比如有些人失明后学会靠听觉、触觉辨识方向，能够从复杂的路况中找到回家的路。如果去研究这些人的大脑，你会发现他们的大脑结构已经发生了巨变。

我们都听过一句话："当上帝为我们关上一扇门，也会帮我们打开一扇窗。"其背后的原因是，大脑的可塑性远比我们想象的要大很多。如果想要掌握强大的"内功"功力，就要先来了解下"内功"修习的原理与方法。

停止内耗与整合记忆

在武侠片中，如果"内功"不到位，再高超的武功都无法修习到炉火纯青的地步。我们真实的成长也是如此。大家都很熟悉、也都经历过"内耗"的情况，内功的"功力"恰恰反映在我们应对内耗的能力上。

我这些年做咨询接触过形形色色的人，我发现有些人在大家心目中已经非常优秀了，但本人却很自卑，甚至抑郁、焦虑。这种情况还不是个例，而是很普遍，是的，你没看错，很普遍。因为做企业和投资，我这些年接触过大量的企业家和投资家，身家过亿甚至几百亿的人都不在少数，当听说我是二级心理咨询师时，大家纷纷跟我分享心理困惑。大多数都表示曾经被失眠、抑郁、焦虑所困扰，甚至一半以上的人表示曾经严重到差点要结束自己的生命。

在意外的同时，我深切地意识到一个问题：成功、富有、优秀并不是幸福的必然条件。我也接触过一些能力平平、经济条件很一般的朋友，他们反而活得悠闲自在、自得其乐，幸福感丝毫不逊于那些成功人士。如果物质的富有和能力的优秀并不能消除痛苦、提升幸福感，那么决定幸福与否的关键因素到底是什么呢？

从内在体验的角度来看，幸福的能力在一定程度上取决于我们解决内耗问题的"内功"功力，也就是前面所说的第七感**整合心智**的能力。要想完成内在的整合，首先要整合的就是大脑的记忆，而且越优秀需要的整合能力越强。如同手机和电脑，越高级的手机和电脑，越要配置顶级的操作系统和软件系统，而且要定期整理和不断升级。否则，用得越多，存的东西越多，就会越乱。久而久之，手机、电脑就会变得很慢，找东西就会非常费劲。如果我们能建立良好的使用习惯，定期更新"操作系统"、升级"软件系统"，就能让它更快、更好地帮我们解决问题。

其实大脑也一样，它是我们最宝贵的工具。**如果能定期优化大脑的"配置"，熟悉大脑的功能和结构，并定期维护、建立更好的用脑习惯，把大脑的记忆整理好**（比如把该扔的"垃圾记忆"扔掉，把有用的"资料记忆"分门别类整理好，把老旧的软件"信念算法记忆"卸载或升级），**我们就能更轻松、更高效**。反之，如果我们不管不顾地滥用大脑，不维护、不升级，也不清理，大脑就像电脑没有更新系统，还堆放了一堆过期老旧软件和杂乱无章的垃圾文件一样，用起来必然导致各种报错，引发各种内耗，造成各种混乱。

通过前面的内容我们熟悉了大脑的功能结构与使用方法，接下来就需要反复、持续地练习才会越来越熟悉。同时，还需要定期维护、经常保养，大脑的"性能"才会越来越好，我们才能拥有源源不断的幸福能力。接下来我们研习下内功的功法：信念升级与认知升级。

信念升级与内隐记忆

大脑的"操作系统"和"软件系统"分别对应我们的"信念系统"和"认知系统"。"信念系统"决定了思维模式，从而决定了"认知系统"的结构；而"认知系统"反过来也可以更新思维模式，从而改变"信念系统"。

这节我们先来看看我们大脑的操作系统，也就是"信念系统"。畅销书《重塑心灵》的作者、知名NLP教练李中莹先生提出，人和人之所以不同，除了遗传基因的不同，还与他成长过程中形成的"信念系统"有着很大的关系。我们对世界上各种事物的处理态度，依据的正是自己的"信念系统"。也就是说维持我们活下去的内在法则就是我们的"信念系统"，而且"信念系统"的运行模式决定了我们的人生是否成功、能否快乐。既然信念这么重要，它到底是什么？

其实信念就是那些我们认为"事情应该是怎样的"或者"事情就该是这样的"的主观判断，对此深信不疑，奉为真理。然而我们这些主观的判断都是对的、好的吗？当然不是，而且还有很多错误或者问题。比如，有些朋友深信自己是"自卑"的，对自己的"不自信"深信不疑。其实她不知道，这恰恰就是造成她"自卑"的源头。

有很多小朋友从小被家长批评"笨"，他们相信家长的话，认为自己"真的很笨"，于是什么也不敢尝试，自然导致做什么都不熟练、一做就错，结果"事实"证明了"自己真的很笨"这个结论，更加深信不疑。这就是典型的信念"bug"的形成过程。

同样是信念，有的可以毁灭你，有的可以成就你。如果让你选择，你会选择哪种呢？你一定会说，当然选后者，然而事实上很多人坚持不懈地选择前者。你一定好奇，这些错误的信念是如何形成的？要如何才能修复信念"bug"呢？接下来我们来看看形成信念的神秘武器。

其实这个神秘武器我们都有，就是记忆系统。然而值得注意的是，记忆不仅仅是回忆起过去发生的事情。哈佛大学医学博士丹尼尔·西格尔博士指出：**记忆是过去事件影响未来活动的方式**，而且经验塑造了大脑的结构。也就是说大脑体验到的任何信息，都会按照一定的方式进行编码，并转化为未来应对事情的固定模式。就如同相信自己笨的小孩会把"自卑"进行编码存储，并在遇到新的问题时调用"退缩"来应对。从某种意义上来说，从自卑到自信，其实是大脑生理结构的变化。对记忆功能的使用情况反映了我们的用脑习惯，同时记忆也是我们优化、升级信念系统和认知系统的生化武器，善用记忆系统可以帮我们激活潜能的大门，获得超强智能。

记忆根据不同的功能，分为**内隐记忆**和**外显记忆**。心理模型（信念）就是内隐记忆的基本成分，相当于操作系统的底层代码。内隐记忆是指在不需要有意识的条件下，个体的过去经验对当前任务自动产生影响的现象。内隐记忆编码的过程就是潜意识学习的过程，比如开车、游泳这些一旦学会，如同吃饭喝水一样，不需要刻意思考就能下意识地行动。这些其实都是通过内隐记忆进入了潜意识，形成了我们"信念体系"的底层操作系统，用的时候也不需要刻意集中精力就能直接调用。

内隐记忆主要包含六个方面：**感知、情绪、身体感觉、行为、心理模式和启动**，就像心理的基本拼图。关于启动，心理学有个名词叫心锚，是指比如失恋的人一听到曾经与恋人一起听过的歌，就会被拉回到在一起的那段回忆；再比如说有些经历过溺水的小孩子，见到水就怕，感觉好像回到了溺水的瞬间。这就是内隐记忆的启动功能，遇到压力或恐惧，杏仁核会释放肾上腺素，来加强内隐记忆的编码。高水平的肾上腺素会在内隐记忆中烙印上当时的感觉细节、行为反应特征以及身体的感觉。

值得注意的是，**我们一生都在对内隐记忆进行编码**，研究者发现，在婴儿出生的最初18个月，只进行内隐记忆的编码。比如新生儿能识别气味和味道，能辨别出父母家人及外界环境的声音，能够感受肚子饿的感觉、食物带来的幸福感、巨大的声音带来的恐惧感，以及妈妈生气时，身体变得僵硬的感觉，这些都会信息都会存储为内隐记忆。随着慢慢长大，还会对诸如学习走路、说话、骑车等行为进行编码。

同时，**我们每个人都在用内隐模式过滤不断产生的感知，并作出预先判断，而且可能会产生偏差**。也就是说我们并不一定能意识到自己会因为过去的经验而产生偏见，甚至确信自己的信念和反应是基于现实所作的客观判断。

比如，一位朋友曾经被河南的生意伙伴骗过，结果造成他对所有河南人的不信任情绪，产生了"河南人都是骗子"的偏激判断。再比如，一个女孩被前男友伤害过，而产生了对男性朋友的普遍不信任，甚至形成了"男人没一个好东西"的信念，从而影响了她的婚姻观和人生观。而他们本人可能都坚信自己的评价是正确客观的。

如果内隐记忆决定着我们大脑操作系统（信念）的版本和性能，但我们对它又无意识，那我们的命运岂不注定要按照记忆中"写好的剧本"进行（不管是否有bug）？某种意义上说是这样的，如果我们无法启动自我意识来改变"剧本"，如果我们只是下意识地跟随喜好与习惯行事，结果就是原生家庭和过往的经验直接决定了我们的人生模式，所以有句老话说"龙生龙凤生凤，老鼠儿子打地洞"。而且生活越封闭，过往的信念就越稳定，因此会更加固执且难以沟通。那我们岂不是失去了对自己人生的主控权？当然不是，我们可以借助潜意识学习法来激活第七感，从而整合大脑记忆装备为我所用。

潜意识学习的两种方法

1. **浸泡式学习**：尽可能让所有感官（眼、耳、鼻、舌、身）都接触到要学习的环境或内容，持久浸泡，比如要想学会英语，直接找个老外的朋友陪伴式交流；

2. **体验式学习**：要学什么就去实际场景，体验全部过程，比如宇航员要去太空，就需要在失重的情况下模拟练习各种行为。

这两种方法的原理就是利用本能脑与情绪脑的规律来实现潜意识的高效学习。潜意识学习之所以影响深远是因为跳过了理智脑，直接刺激情绪脑与本能脑，要知道情绪脑与本能脑是比较简单好骗的。而且在极限状态与强烈感受下，本能脑与情绪脑会被迅速激活、调用。

很多朋友觉得奇怪，为什么传销讲的内容漏洞百出，却能骗过那么多人，受骗人当中甚至有很多高级知识分子。这其实就是利用了潜意识学习法，也就是典型的"浸泡式学习"。传销人员通过各种诱骗手段，把受害者拉进传销组织提前安排好的场景，一堆人配合演戏，加上各种场景和暴富神话的展示，毫无防备的受害人被设计好的剧本"浸泡式"洗脑。各种感官刺激、感受冲击和疲惫战术会让受害者跳过理智脑，最终本能脑与情绪脑直接"篡位夺权"，并在不断的心理暗示、指令输入的情况下，被顺利地策反拉下水。这个过程就好比在小孩子面前放一桌子美食，理智在的时候还能勉强控制，但如果饥饿交加、外人又不断拿美食诱惑，结果必然难以抗拒。

而且如果细心观察，你会发现那些靠拉人头尝到了甜头的人，很容易再次陷入一夜暴富的幻想，持续去找这种靠拉人头就能快速挣钱的机会。因为他们经历过的这些强烈的感官体验、情绪、行为方式等都跳过了理智脑直接进入了潜意识，直接编码形成信念算法存进了深层次的隐形记忆中，每当类似的情景出现就会被启动激活。因此，我们会发现这些人的行为激进、好强且执着。

再比如很多电信诈骗案，之所以第一时间让大家关闭手机等各种沟通通道，也是采用"浸泡式"潜意识学习法的原理。这使得他说的那些不靠谱的话，跳过受骗者的理智大脑，通过恐吓、诱惑等极致的情绪刺激来操控受害者的情绪脑与本能脑，于是就能轻松地遥控受害者完成相应的行为。

另外，还有备受大家诟病的"成功学"，又喊又叫、又跳又闹的，为什么那么多大老板都跟着疯疯癫癫失去理智？这恰恰是利用了"体验式"的潜意识学习规律。要知道在这种极致的感官体验下，会直接进入潜意识。也就是说当你参与其中，相关的感受、认知、行为等，哪怕是理智脑不认同、不喜欢的理念与信念，都可能在强烈的体验刺激之下，跳过理智脑直接编码写进潜意识。而且一旦情景重现，潜意识的记忆就被快速激活启动。比如成功学固定的那首开场音乐一放，大家就开始莫名地兴奋，老师一喊"yes"，学员就开始跟着喊，如同给潜意识植入了一系列心锚按钮。

举了这么多例子，大家想想看潜意识学习方法多好用？连传销组织、诈骗分子和成功学大师都热衷于此，我们为什么不能善用它来帮助我们成长和完成梦想呢？

此外，我们还可以借助第七感，来识别并修复存在"bug"的信念和心锚。当然，这就需要我们"安装"或"优化"大脑的"软件系统"、完成初始化（认知模式）的输入并持续更新（资讯和知识），这样我们的行动就可以又快又有效。

认知升级与外显记忆

当我们的大脑有了顶级的"操作系统",如果没有安装常用的"软件系统",遇到要解决的问题依然会束手无策。要想更高效、持续地解决更多复杂问题,就需要安装一个又一个对应的"认知软件"并保持更新。只有这样,当遇到各种复杂的新老问题时,才能更加游刃有余、处乱不惊。

接下来我们先了解一下安装存放各种"认知软件"的**外显记忆**,又称为"陈述性记忆"。外显记忆包含了**事实记忆**和**情节记忆**,也就是说在外显记忆中安装的核心"软件系统"分了两个区,分别来记录和处理事实类和情节类的信息与知识。有的人更容易记住事件本身,而另一些人则更容易记住事件中自己的故事。比如发生的一件事,某些人会像看电影的观众一样,关注的是这件事的时间、地点、来龙去脉;而另一些人更擅长以主角的角度记住自己从头到尾的感受和变化,而记不清事情本身的细节。也就是他们的"软件系统"版本和性能不同,有的人"事实类功能"更强劲,有的人"情节类功能"更敏锐。

外显记忆的功能特点是,通过过去的经验(感受、认知、行为结果等)对当前的认知、情绪与行动等活动,有意识地产生影响。比如写方案、想解决办法、搞科研,都需要集中注意力,把已经存储在记忆中的知识技能调出来,结合最新的知识与信息进行加工处理。

"事实记忆"分区的软件通常安装的是认知类的处理软

件。就好比安装了Word软件，利用Word输入信息就能产出文档；安装了Excel软件，就能用Excel输入信息来产出表格。我们输入各种不同的"认知"，结合最新的知识和信息资料，就能产出对应的认知结果。比如我们掌握了财务的认知，就能通过财务数据分析出财务报表，否则做的可能就只是个数字的汇总表。同样作财务分析，做出来的是"财务报表"还是"数字汇总表"，取决于是否安装了"财务认知"这个软件系统。而且如果安装的"财务认知"软件不够专业或者没有及时升级，时间长了，它做出来的财务报表恐怕就不能满足老板或市场的要求了。

再来看"情节记忆"分区，通常安装的是感受、行为类的分析软件。比如体验过战胜挫折的喜悦并擅长跨越挫折的人，就好像安装了"抗挫"软件，能在遇到类似的挫折时积极战胜挫折，重新拥有喜悦。同样，如果"抗挫"软件不够专业或没有及时更新，就可能导致抗挫能力不足。如果没有安装"珍惜""感恩"等认知软件，也很难具备珍惜、感恩的认知能力。"失去了才懂得珍惜"就是典型的"珍惜"软件更新、"bug"修复的过程。

外显记忆常采用两种编码方式：**生成效应和间隔效应**。德国著名心理学家艾宾浩斯发现了记忆特点，并提出了著名的遗忘曲线：虽然记住的东西刚开始很容易遗忘，但一旦记住的东西很难被遗忘。而且他还发现，对于需要大量重复的记忆行为，用适宜的时间间隔把它们分开，其效果显然优于在一段时间内把它们集中在一起。因为当多次练习被集中在一起时，我们不太可能充分注意每一个刺激。相反，对于每一个重复呈现的刺激，我们很可能会受到迷惑，认为我们已经记住这个项目了，因此在它上面分配的注意力越来越少。相对于集中练习而言，分散练习的刺激会更有效——其结果导致了更丰富的记忆表征，并增强了记忆提取的路径。因此当一个刺激在多次练习中以不同的方式被加工时，它更可能被记住。**因此要想更有效地记住所学内容，可以进行分散练习和反复练习，一旦记住，就会进入稳定的外显记忆，甚至整合进潜意识。**

需要了解的是人类注意力系统由4个部分组成：**神游模式、中央执行系统、注意力过滤器、注意力转换器**。神游模式对应的其实是无意识即潜意识学习，存储在内隐记忆；而中央执行系统对应的则是有意识学习，即有意注意，存储在外显记忆。注意力转换器指挥着我们的神经与代谢资源，让我们在神游、关注任务与警惕模式中转换。

注意力系统的效率很高，我们很难察觉出正在过滤某些事情。许多时候，注意力转换机制在意识之下工作，在神游模式与中央执行模式之间转换。神游模式（潜意识学习）与中央执行系统（有意识学习）其实没有绝对的好坏之分，但是功能却十分不同，神游模式可以更稳定、更灵活，让我们处于放松、充满灵感的状态；中央执行系统则可以让我们更加聚焦、高效地学习知识，提高认知。

另外，还有个好消息，就是中央执行系统可以将内隐记忆提取到外显记忆，进行更新、修正或者优化。因此，我们就可以完善、升级我们的信念与价值观。丹尼尔·西格尔博士指出："记忆提取就是记忆改造。"而这个过程其实就是启动元认知——认知的认知。比如，我们对自己当下想法背后思维模式的觉察和认知。启动元认知进行识别，用第七感整合处理，可以帮助我们提升心理表征的能力。**心理表征是指与我们正在思考的某个物体、某个观点、某些信息或者其他任何事物相对应的心理结构，或具体，或抽象。**当心理表征的能力足够强时，我们甚至可以提前预测做事的结果或别人的行为。这相当于将潜意识中的内隐记忆（信念与价值观）提取到外显记忆（认知）层面，结合最新的认知和知识信息进行识别、整理和再加工，这种能力就是第七感的整合能力。而且如果这个过程没有第七感来整合，内隐记忆与外显记忆这"兄弟俩"往往是会打架的。当外显记忆收到新的信息和认知与内隐记忆的信念和价值观不一致时，如果缺少"第七感"这个调和者，我们就会感到非常纠结和迷茫。

现在我们已经掌握了关于"内功"研习的两个核心板块：操作系统（信念、价值观）和软件系统（认知、知识资讯）。除了前面教大家的"觉知之轮"可以唤醒第七感，识别并整合我们的认知与信念，结合我过往的经验，通过"内功"心法五件套可以帮我们持续、稳定地提升"内功"功力。

"内功"心法五件套

1. **读万卷书**：未必只是读书，是读一切可读之物。围绕想要解决的问题或想要提升的能力，集中而系统地学习。如果能够系统地啃完50本左右的经典图书，对于建立认知、初始化算法会很有帮助。这相当于把自己浸泡在擅长解决这个问题的

50个大脑里，吸收50个人看待这个问题的思维方式、角度和方法。

2. 行万里路： 是指实践和参访交流，也是一样，可以围绕着自己想要解决的问题，去实践摸索。在条件允许的情况下，尽可能地去标杆企业考察，围绕龙头进行异业学习和借鉴。"行万里路" 相当于把自己放在问题的现场实战训练，按日本 "经营四圣" 之一稻盛和夫老先生所说的 "现场有神明"，可以理解为很多问题解决的办法其实就藏在问题的现场。去同行或异业考察借鉴，相对于把自己浸泡在他人解决问题的实战智慧中，面对同样的问题找出不同的解题思路和解题角度。我所认识的企业家很多都会 "不务正业" 地四处游学考察，每年都要去不同的企业走访、交流一次或数次，甚至还要去国外游学。每次回来都会带回很多灵感和问题的破解办法。

3. 阅人无数： 每个人都是一本书，通过与高人交流切磋来学习是读书最高效的一种方式。智者既能从众人中更新迭代自己的认知与信息，又能在不同人的交往中磨炼自己的意志，坚定自己的信念，增强自己的能力。

4. 名师指路： 越是智者和成功人士，背后越是有高人指点、贵人相助，这个 "贵人" 可能是为自己指点迷津的名师或挚友，也可以是各领域的专家和德高望重的前辈。

5. 自己证悟： 无论名师指的路有多对，都切忌依赖、迷信于名师的大脑。既不能一味地迷信专家或大师，也不能自恃清高、封闭孤傲。所谓正信的 "正" 不是 "正确"，指的其实是不偏不倚、不左不右、不上不下，正当中。要知道学习的目的是要建立起自己独立的思考能力和认知体系。认知体系的建立并非一日之功，因此学习的同时需要通过自己的实践来将知识消化，才能真正地为我所用。

这个内功心法五件套配合上沉浸式与体验式的潜意识学习法，可以帮助我们在各个领域设计定制化的研习方案以助于个人提升与组织的提升。

记忆小怪的挑战：

列出你想提升的领域（认知或能力），尝试用"内功"心法五件套制定解决问题的计划。

比如，针对"提升写作能力"，方案如下：

1. 读万卷书：找到写作能力比较强、自己又比较认可的人作为对标的标杆，阅读他的著作或传记，梳理出能够帮助自己提高写作能力的经典图书（如果翻阅50本以上会帮我们快速了解写作这个能力的本质规律，然后可以根据自己的阅读喜好选择几本深读）。

2. 行万里路：结合书中的知识，边看边写作，然后按照书中的方法复盘自己做的结果并进行优化。

3. 阅人无数：接触和感受身边各行各业的人，积累生活素材和灵感。跨行交流有时能收获意外之喜。

4. 名师指路：找到写作能力好的人作为标杆，和他学习并深入请教（可以是多个，但不建议同时太多，容易混乱）。

5. 自己证悟：按照标杆的建议实践，并检验哪些是适合自己的方法，哪些不适合，复制适合的部分。

恭喜你顺利闯关，跑完了"大脑地图"，完成了内功的修习！接下来我们将进入外功修习环节，需要跑完3个圈：我的"世界圈""朋友圈"和"自我圈"，即可获得"心智罗盘"，正式开启心智升级的修习大门。

第2章

认识关系

· 闯关地图：世界圈、朋友圈、自我圈

· 通关任务：

    1. 熟悉我的世界圈、朋友圈、自我圈

    2. 打败分裂小怪、封闭小怪、心魔，收复心智

· 本关装备：

    世界圈：连接之门、六度分隔、三度影响力、组
              织的"能量场域"、意识能量层级图谱

    朋友圈：镜像神经元、依恋关系

    自我圈：心智成长九大阶段

            心智导航系统（心智罗盘、心智仪表、
            心智地图）

· 通关心法：

    心智升级从内到外，只有整合了与自己的关
    系，才能更好地整合与他人的关系，才有能力整
    合与世界的关系。

世界圈：我与世界的关系

这几年有句流行语："选择不对，努力白费。"如果我们的心智不够成熟，无法看清人生这条路的方向与选择，结果可能南辕北辙，越努力离自己的目标越远。

其实，人生所有的事情都是围绕着三种关系——与自己的关系、与他人的关系、与世界的关系。从某种意义上来说，只要处理好这三种关系，就能获得成功与幸福，也就是获得选择大于努力的能力。这节先来了解下我们与世界的关系，看看我们和世界是如何相互连接，又是如何相互影响和相互作用的。

连接之门与我的世界

成长代表着自由的可能，同时也会带来选择的困惑。选择就像打开潘多拉魔盒，推开连接未来的门。选择一个伴侣就选择了一种生活方式，无论生存发展还是娱乐喜好，都深度地连在了一起，生死相依；选择一家公司就和这个公司与同事们深度连在了一起，无论发展方向是否一致都将荣辱与共；选择一份事业就和一群人深度连在了一起，无论意见是否一致都得并肩战斗。然而我们对"连接"还不太熟悉，在开启"选择"这扇大门前，我们需要了解下"连接"强大的影响力。

　　还记得2014年，无意间读到一本书《大连接》，让我印象深刻。这本书彻底颠覆了我对"连接"的认知，也让我对社会这张大网的影响力有了更加深入的理解："**连接会改变事物的本质，也能让控制连接的人获得巨大的权力和影响力。**"作者是全球最具影响力的100人之一、哲学博士、医学硕士、哈佛大学文理学院社会学教授尼古拉斯·克里斯塔基斯。他提出："只有将我们自己看成超个体的一个组成部分，才能从全新的角度认识自己的行为、选择和感受。借助社会网络，人们可以超越自身的局限性。更加重要的是，我们的相互连接关系不仅是生命中与生俱来的、必不可少的一个组成部分，更是一种永恒的力量。**正如大脑能够做单个神经元所不能做的事情一样，社会网络能够做的事情，仅靠一个人是无法完成的。**"

　　情绪可以沿着社会关系网进行广泛传播：从一个人传给下个人，接着又传给其他人。克里斯塔基斯经过研究发现：拥有一个快乐的朋友，会让我们也快乐的概率增加9%左右；而拥有多个不快乐的朋友，会使我们快乐的概率减少7%。是不是不可思议？

　　而且他的研究还发现，如果我们与快乐的人有直接连接关系，那么我们也快乐的概率能够增加约15%。而且，快乐的传播会继续下去。对我们二度分隔的人（朋友的朋友），增加快乐的概率约是10%；对我们三度分隔的人（朋友的朋友的朋友）来说，增加快乐概率约是6%；与我们相距四度分隔时，快乐的影响力就很有限。而且他在1984年研究时还发现，当一个人额外得到5000美元，仅能让个人快乐的概率提升2%。因此拥有快乐的朋友和亲戚，比挣更多的钱更能给我们带来快乐。从这个意义上来讲，一个值得交往的亲朋好友远比钱带给我们的价值更大。此时回看一下只为钱而奋斗的日子，是不是多了点孤独而错过了很多快乐的机会？

更让人意外的是，研究证明，肥胖是可以传染的。互为朋友的两个人，如果其中一个人发胖了，那么，另外一个人也将发胖的风险几乎是原来的三倍。也就是说，你可能不认识你朋友的丈夫的同事，但是，他会让你变胖。同样，你姐姐的朋友的女朋友，也可能让你变瘦。但一切都是表象，真正传染的是"态度"。这恰好印证了一句我们中国的古话："近朱者赤，近墨者黑。"现在你知道"连接"的影响力有多大了吧？所以选择交什么样的朋友，选择和谁在一起，是不是应该更慎重些？

心理学家爱德华·L.德西指出：我们人类是一种天生就倾向于不断奋斗并蓬勃发展的有机体，但我们很容易受到控制并感到无能为力。即使是我们喜欢的"控制"类型，比如依靠奖赏来激励业绩的情况下，一个人天生的成长驱动力也会严重减弱。如此一来就变成被动机制，成为像"本能大脑"的状态。因此，美国社会学家塔尔科特·帕森斯称之为"野蛮人"——我们在内心都是野蛮人。也就是说当环境中有足够的支持时，人性自然的、积极的倾向就能蓬勃发展，就会出现整合。但是，如果环境中没有足够的支持，不仅会损害内在动机，而且还会殃及更加完整或连贯的自我意识的发展。

因此，如果想要做出更多正确的选择，我们就需要和有类似成功经验的人在一起，尽量选择有利于我们成长、发展的环境。一旦我们能预测"我们的选择"将带给我们的影响是"机会"还是"风险"，那么我们就能获得选择大于努力的决策力。下来我们就来练就一双"火眼金睛"，学习识别"积极影响"或"负面影响"产生的蛛丝马迹。

信息能量流和影响力

在了解了"连接之门"的威力后，我们来了解下影响力是如何产生的。要知道我们每个人参与社会的方式主要就是两种：影响别人或被别人影响。值得注意的是，影响必然伴随着"信息流"与"能量流"的流动而发生。而这种传播似乎遵循着一定的规律：**六度分隔和三度影响力**。

尼古拉斯·克里斯塔基斯教授研究发现，人和人的连接关系和传染属性决定了社会网络的结构和作用。也就是说每个人对于这个社会的影响都超乎于我们的想象。为了证明这一点，尼古拉斯·克里斯塔基斯做了一个著名的实验。20世纪60年代，实验者交给内布拉斯加的几百个人每人一封信，请他们将这封信发给他们认识的某个人，最终传递给一个他们不认识的商人，那人居住在波士顿，距内布拉斯加有1600公里之遥。这些人得通过找到比他们更有可能认识收信人的人来传递信件。通过跟踪信件到达目标人手前传递的次数，发现平均需要传递6次。实验结果证明，人与人之间的连接，平均要经过"六度分隔"（经过一个朋友是一度分隔）。

为了验证这个结论，2002年物理学家、社会学家邓肯瓦茨和同事彼得·多兹、罗比·穆罕默德又做了一次实验，这次范围扩展到了全球，沟通方式改用电子邮件。通过招募的9.8万余名实验者将信息发给他们不认识的"目标人"，方法是实验者将电子邮件发送给自己认识的某个可能认识"目标人"的人，继续传递下去。这次总共有13个国家、18个目标人，随机分配其中一个"目标人"给每个实验者。"目标人"有爱沙尼亚的档案检查员、美国常青藤大学的教授、印度的技术顾问、挪威军队的兽医、澳大利亚的警察等，总之是很杂的一群人。然而令人惊讶的是，实验的结果是大体还是要传递6次。

另一项研究，是关于普通个人的影响力有多广。它调查了钢琴教师仅通过口口相传来推广的效果。亚利桑那州潭蓓谷的3个钢琴老师招募学生，不做广告，仅靠他们的社交网络和口碑来传播和介绍。结果有38%的推荐来自与钢琴老师有三度分隔以内的人（老师的朋友的朋友的朋友）。然而，三度外的传播趋于中断，相距六度分隔的人仅有1%的推荐能够传递。大多数学生是从这些老师相距三度分隔内的人那里了解到的信息。

也就是说，我们可以经过六度分隔与任何一个人相连接，但并不意味着我们会对他们产生影响力。而社会网络上的影响力传播也遵循着一定的规律，我们称之为"三度影响力原则"。我们所说或所做的任何事情，都会在网络上产生影响，这种影响力可以到达三度内（朋友、朋友的朋友、朋友的朋友的朋友）。而一旦超出三度分隔，这种影响就趋于消失。与此同时，我们也被三度以内的朋友深刻影响，而超出三度的朋友就很难影响到我们了。于是，我们把相距三度之内的关系称为"强连接"关系，强连接可以引发行为。

三度影响力既适用于情绪、态度和行为的传播，也会影响快乐、发胖、政治立场等现象的传播。甚至还有学者证实，创新思维在发明者网络中，也符合三度影响力的传播规律。也就是说，三度影响力是人类社会网络彼此作用的重要方式。

注意，强连接能够引发行为，而弱连接则可以传递信息。如果我们讨论彼此间是如何"连接的"，就应该利用任意两人之间的"六度分隔"；但如果我们讨论彼此间是如何"传染的"，则应该利用"三度影响力"。知名软件领英（LinkedIn）和国内的脉脉、抖音都是基于三度影响力和六度分隔的原理开发的软件。

弱连接能够在不同群体间起到的桥梁角色，具有十分重要的影响力。强连接关系可以将个体结合为群体，而弱连接关系却能将不同的群体连接为更大的社会网络。社会网络上相隔很远的人可能是对彼此最有价值的，或掌握最有价值的信息，这听起来难以置信，其实是因为我们无法靠自己知晓这一切。

许多成功人士都具备社会网络连接敏感度，他们与众不同之处便是**能看见网络中那些新颖而独特的组织结构，能理解权力如何运转**。这里的"权力"，是指让事情发生的能力，由结构所决定。

同时，人际关系会组成一张无形的势力网。社会网络可以传播快乐、宽容和爱，也可以传播痛苦、谣言和仇恨。社会网络影响着我们的选择、行为、思想、情绪，甚至是我们的希望或恐慌。

如果说第六感是对历史规律的感知，那第七感则是对力量重组的感知，事物并不是非黑即白，而是对立统一的。连接改变了事物的本质，这个世界可以视为一张振荡、拉扯着的关系网。要想做出最适合的选择，就需要掌握信息能量流影响力的共性规律，而三度影响力与六度分隔恰恰是很好的工具，可以帮助我们纵览全貌、掌控全局。

圈子和流量思维

社会学家布赖恩·乌齐教授的一项访谈发现，公司做生意时，"镶嵌公司"（如给一个企业作配套产业的企业关系）比不依靠私人关系网络做生意的生存能力更强。不过，太多的镶嵌也不好。因为一旦与某个特殊商业伙伴（强连接关系）建立合作，可能意味着放弃与其他公司（弱连接关系）合作的机会，这也可能会为公司提高重大损失的风险。因此，我们既要与合作伙伴、群体建立稳定的关系，也要在市场变化时有能力放下这些关系。由此可见，强连接关系和弱连接关系都很重要，关键是从中找到"平衡点"。因此德·索拉·普尔和科肯提出了"小世界效应"，小世界就好比现在常说的"圈子""私域"和"社群"。

社会网络的销售行为和采购行为会对公司产生影响。市场经济理论认为：公司要从最便宜的卖家那里采购，然后卖给出价最高的买家，无须考虑相关人员的个人经历。然而在现实世界中，公司之间的合作往往要考虑他们之间的私人关系。因为这些公司中的每个人也都镶嵌（牢固连接）在信任与互惠的网络中，而这些网络也都是稳定的网络。

小世界网络有两个重要特征：

1. 平均路径短，人们在网络上经过数量不多的中间人就可以找到他们想找的人。

2. 传递性好，一个人的众多朋友中的大多数彼此也是朋友。

他指出，我们可以在任何高度结构化的网络上，增加一些随机的连接，这样，我们就可以获得一个平均路径较短的小世界网络，而且信息可以有多条路径从这个小圈子流向另外的圈子，从这个人传播到另外的人，再传播给下个人。这个网络是个高度有序的网络，且拥有很多小圈子（每个人都与其他人建立连接关系的群体）。

经验告诉我们，知识和技能的互补，让合作更富有成效，它可以令总体大于各组成部分之和。而且突破往往发生在相互合作的小圈子里，网络可以放大人们的才能。这种小圈子的组织也很适于科研合作，因为它便于让不同地域或不同组织的人协同工作。要知道网络的结构往往能影响问题的解决能力。每个总体连接中的小差别，都对群体的表现有着很大的影响。虽然社会网络能帮我们做靠自己做不了的事，但它也会赋予那些善于连接关系的人更多的权力。结果会导致拥有最多连接关系的人收获最高的奖赏。这也是为何如今"流量"有如此大的影响力，拥有更多的流量就拥有更大的权力。

如果我们能轻松地在社会网络上找到想找的信息或人，社会连接关系和成功就会形成良性循环，从而形成"社会放大镜"，让更多的财富和权力集中到拥有更多资源的人手中。

组织的能量影响

想要拥有整合内外的能力，就需要足够的能量。同时，我们每个人又都被周围的能量所影响。能量是什么，真的存在吗？专家经过研究发现，我们周围的空间，从微观的层次来看，其实充满了内容，有无线电、微波、光波等。每一种波按频率来分，又包含很多个单频波。如果把单频波看成一个能量空间，那么我们周围的空间实际上是由不同频波重叠而成的复合能量空间。

北大光华管理学院管理学博士李书玲在《动力管理》一书中指出，人与人之间的相处，影响力的大小主要由能量的强度所决定，频率接近的人更容易彼此吸引，也更容易相处得舒服，甚至产生默契。而频率差异较大的人之间，则可能会下意识地回避，或者很容易发生冲突。在组织中，员工个人的能量会被制度环境、组织文化和领导者的能量所影响。当组织内部存在的冲突越多、氛围越沉重和能量场越压抑，个人的能量也就会越容易受到影响而被压制。个体的能量会在冲突和低效环境中被损耗，结果可能导致失去积极性。而在组织的能量场中，那些跟组织能量层次不太接近、非主流的人，也会导致丧失工作状态从而选择离开。

同时，如果个体的能量非常强、所在的岗位又很重要，也能反过来影响组织的能量场。那些职位越高、影响力越大的人，只有通过构建制度环境、建立企业文化、加强意识交流以及培训等方式，才有可能持久地影响组织能力场。不但如此，不同职位以及工作本身也是有能量的。职位越高可能获得的配套权力就越大，得到的关注和赋予的期待越大，获得的能量就会越大。比如，同样的一个决策或是一句话，仅仅因为当事人所在职位的差异而会对听众产生不同的心理影响。工作和人之间本身也存在互相影响，将心注入所从事的工作往往会带来超预期的结果，同时来自工作成果的积极反馈，也会反过来激发一个人的工作热情、投入程度和承诺。

组织作为一个复合能量场域的总体强度和实力有关，主要包括业务规模、盈利能力、品牌知名度等所带来的影响力。也就是说，组织客体越强大，理论上对应的组织总体能量就越强大。而组织能量的层次会影响企业发展的可持续性。在企业发展的早期阶段，主要体现为起领导作用的人的能量层次，或者能量层次比较高的人在组织总体规模中的比重和影响力。组织规模的扩大和盈利能力的增强，会提升组织的能量强度，从而增强其在外部环境互动中的主动权，降低资源的获取成本，获得更多来自社会的关注和支持。而组织的能量层次会影响组织与利益相关者之间的互相选择与合作关系，以及应对环境的策略方式和与环境之间的和谐程度。

因此在组织中，组织内外的能量场的总体，比如作为不同的人、财、物和自然等要素的组合，存在着复合的能量空间，称之为组织的"能量场域"。我们对组织的"能量场域"最直观的感受,就是组织的文化和氛围。组织的存在和运转,自然也包含其中能量的作用与变化。**意识代表着组织的精神生命,能量则与物质和意识都有关系。前者往往影响了能量的强度,后者则决定着能量的层次**。意识对能量的影响更加深远。

个人的能量影响

对于个人,正如著名作家J.K.罗琳所说,"改变我们的世界根本不需要什么魔法,只需要充分发挥我们内在的力量"。古往今来,很多专家学者经过研究发现,大脑是可以训练的。著名的大脑教练吉姆·奎克甚至说,人类大脑可以突破任何极限。他还有一句名言:"如果鸡蛋被外力打碎,那是生命的结束;如果鸡蛋被内力打破,那是生命的开始。奇迹的开端永远在事物内部。"

作为大脑教练,他教授的方法甚至影响了埃隆·马斯克,甚至还被联合国、哈佛大学等聘为大脑教练,但你能想象这样一个优秀的教练,小的时候其实是被人嘲笑的"太笨了""脑子坏掉的孩子",处处被人欺负和取笑吗?

而且这并非个例,你能想象罹患世界性罕见病成骨不全症、连活下来都难的"90后"小伙(18岁前先后经历9次骨折、11次手术)能够有所作为吗?然而这个曾经看不到希望、没人相信的"病孩子"刘大铭,不但活了下来,还成为首位坐着轮椅上了世界五十强大学并取得学士学位的留学生，2014年成为全国自强模范。事实证明，我们每个人的内在都有无限潜力可以挖掘。

美国知名心理学博士、精神治疗师大卫·R.霍金斯经过近30年长期的临床试验，对不同国家、种族、文化、行业和年龄等的几千人进行了深入统计和分析后，研究发明了"意识能量层级图谱"，如图2-1所示。

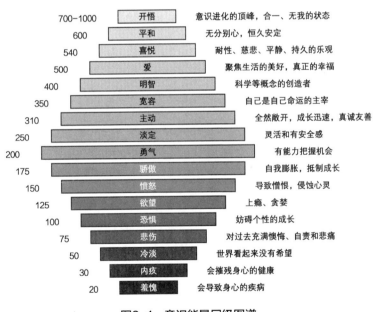

700-1000	开悟	意识进化的顶峰，合一、无我的状态
600	平和	无分别心，恒久安定
540	喜悦	耐性、慈悲、平静、持久的乐观
500	爱	聚焦生活的美好，真正的幸福
400	明智	科学等概念的创造者
350	宽容	自己是自己命运的主宰
310	主动	全然敞开，成长迅速，真诚友善
250	淡定	灵活和有安全感
200	勇气	有能力把握机会
175	骄傲	自我膨胀，抵制成长
150	愤怒	导致憎恨，侵蚀心灵
125	欲望	上瘾、贪婪
100	恐惧	妨碍个性的成长
75	悲伤	对过去充满懊悔、自责和悲痛
50	冷淡	世界看起来没有希望
30	内疚	会摧残身心的健康
20	羞愧	会导致身心的疾病

图2-1 意识能量层级图谱

通过意识能量层级图谱，不难看出，想要处理好与世界的关系，就不得不处理好我们与自己的关系。这部分内容将在下一节解析，在这之前，我们先来看看我们和他人的关系又是如何相互影响和彼此作用的。

分裂小怪的挑战：

对照意识能量层级图谱，找出自己所在的能量级。

朋友圈：我与他人的关系

恭喜你跑完第一个圈"世界圈"，了解了个体与世界的关系的规律。现在我们进入第二个圈——"朋友圈"。

我们之所以能够被朋友理解、支持，和朋友产生情感，是因为我们每个人都自带一种"神功"：共情能力。我们与别人的关系之所以重要，恰恰是因为共情能力让我们与身边的人相互影响、相互作用。

依恋关系与心智成长

1994年，现代神经科学的一组意大利科学家意外地发现了镜像神经元，使得以往很多无法解释的心理现象得以破解，如模仿、同情、同步甚至语言的发展。有人将"镜像神经元"比喻为"天然的Wi-Fi"。它使得我们能够模仿他人的动作、情绪状态和意图。

当"镜像神经元"启动时，人们可能会使用相似的方式站或坐，甚至声音都会用同样的节奏、语气、语调。而且"镜像神经元"也会使我们会被他人的消极状态所影响。比如当他人愤怒时，我们也会很生气；当朋友感到抑郁或焦虑时，我们也变得消沉、急躁。

我们曾经的人际经验会终生持续影响着我们的心智运作，其中的主要结构（尤其是那些专门负责自我调节的部分）在我们幼年时期就形成了。人际经验会在神经整合中进行调控，目前已经被科学界证实。如果幼年时期未有过依恋经验，将会严重丧失建立亲密人际关系的能力。同时，经验不仅决定着哪些信息能够进入我们的心智，而且还决定了心智将如何加工这些信息。

可以说大脑是一个"社会性器官"，它能够从他人大脑中提取神经信号。人际关系和身体中的能量信息流是"心智成长"的两个重要方面。而这些植入程序和相关呈现是可调控的，能量信息流在个体内部和他人间的组织方式主要通过互动获得。

心智的建立是通过与各种文化的无数依恋关系互动形成的。依恋关系代表着人际间的互动模式，依恋关系能否建立、建立的好与坏将直接决定个体社交状态与社交能力。安全的依恋关系能够依据不同的情况进行不同的交流，在安全的依恋关系下，一个人可以直接影响另外一个人。这是一种"整合交流"的状态，两个人之间会产生共同的特征：互相尊敬，富有同情心（共情），从而能够形成一个充满关心的互动模式。如果想要建立健康和安全的依恋关系，则需要家庭中的监护人有能力感知孩子的内在状态和心理反应。因此，家庭是形成孩子心智的重要因素，文化也能持续地影响人类的心智成长和形成，并终生发挥作用。记忆过程、自我感知和自我同一性共同形成了每个人的社会经验。

依恋关系与独立能力

如果要达到"完全"的情感沟通，就需要让个体的心智状态被其他人的心智状态所影响。当感染的状态达到同频时，我们称之为"心理状态的共振"。美国著名心理学家、哈佛大学心理学博士丹尼尔·西格尔博士指出：大脑影响着心智和人际关系，人际关系又将影响心智和大脑；同时，心智也会反过来影响大脑和人际关系。

而依恋关系是塑造和发展心智的基础，不安全的依恋关系甚至会带来心理疾病的隐患；反之，安全的依恋关系则能够提供情绪的复原力。成人甚至终其一生都在持续显示着幼年时期的依恋关系和状况。每个人都会通过某种无意识的行为去跟踪或监控自己"依恋对象"的态度，寻求安全感或寻求建议，以便找到能量的来源。值得注意的是，成年人的依恋关系和孩子成长依恋关系是有区别的：成人是能选择谁作为自己的依恋对象的，而孩子则没有选择的权利。1995年，心理学家玛丽·梅因发现了以下规律：

1. 最早的依恋关系通常在婴儿七个月大的时候形成。

2. 几乎所有的婴儿都存在依恋本能。

3. 孩子只是对几个人形成依恋关系。

4. 这些"选择性依恋关系"显然来自和被依恋人物的社会互动。

5. 在婴儿的行为和脑功能方面，依恋关系会造成特定大脑组织结构的变化。

20世纪50年代，英国精神病医生、精神分析专家约翰·鲍比指出：幼儿对父母（或其他主要养护者）的依恋关系会内化给孩子，成为将来依恋关系的工作模型。如果这个模型是安全的，孩子将能探索这个世界，并健康地与之分离，走向成熟。依恋关系的研究还显示，婴儿期依恋关系的形态与以下因素密切相关：社会关系、情绪调整、自传式记忆、自我反省以及叙事能力的发育等。

"依恋关系"是大脑里与生俱来的系统。它会被主要照顾者的动机、情绪和记忆过程所影响和改变。依恋系统会驱动婴儿主动和父母（以及其他主要照顾者）亲近，并尝试和他们建立交流模式。因此，从心智的视角来看，依恋关系可以建立起个体的人际关系，帮未成熟的婴儿借助父母成熟的脑功能来建立自己的脑功能。

因此，依恋关系一旦出现问题，内在工作模型将无法带给婴儿安全感，那么这个孩子将来正常行为的发展（如游戏、探索和社会互动）就会遇到问题。当然，原本安全依恋关系的孩子也可能失去安全感，而原本缺失安全依恋关系的孩子也可能变得安全。"依恋关系的内在工作模型"是一种心理模式或心理图式，成人照顾者的心智状态、交流模式将可能直接塑造孩子正在形成的大脑结构。

依恋关系与社交能力

人际经验持续且终生影响我们的心智运作，然而主要结构

（尤其是专门负责自我调节的部分）却是在人的幼年时期形成的。依恋关系不但影响成年后的社交能力，甚至对个人底层信念系统的建立都起着至关重要的作用。心理学家研究发现，依恋关系主要分为以下4种：

1. **安全型**：当父母能够及时地感知到婴儿的内在寻求（即捕捉孩子发出的各种信号）和心理状态，并且充分地回应孩子所发出的信号，婴儿就能形成安全型依恋关系。

2. **逃避型**（回避型）：当父母在情绪上无法感知、亲近孩子的需求，或拒绝、没有反应时，就会导致婴儿出现逃避型依恋关系。

3. **抵抗型或趋避冲突型**（矛盾型）：当父母在孩子亲近时知觉、反应上表现出不一致，甚至自己的心理状态强力干涉孩子的心理状态时，孩子就倾向形成抵抗型或趋避冲突型依恋关系。

4. **迷茫型**（絮乱型）：当父母在孩子生命的头一年表现出惊吓、恐吓或混乱的沟通时，孩子可能会出现失序或迷茫型依恋关系倾向。

这4种依恋模式中，一般大约2/3的孩子拥有"安全型依恋"，大约20%的孩子表现出"回避型依恋"，10%~15%的孩子具有"矛盾型依恋"，最后10%为"絮乱型依恋"。

研究表明，如果父母和子女之间存在依恋强相关，那么父母也与他或她的父母（或主要照顾者）存在着依恋强相关。而且，依恋模式是人类生活中少数不受基因影响的方面。

安全型依恋的孩子通常能够发挥出他们的智力和潜能，可以与他人建立良好的人际关系，获得同辈的尊重，并且很好地调节自己的情绪。回避型依恋关系的孩子会被情绪所局限，通常被同伴认为是冷漠的、爱控制人的，甚至是不招人喜欢的。矛盾型依恋关系的孩子会经常表现出焦虑感和不安全感。

絮乱型依恋的孩子在与他人交往以及调节自己情绪方面的能力都受到了严重的损害。而且很多这样的人存在分裂的症状，这使得他们在经历创伤性事件后，患创伤后应激障碍的风险大大提高。而且成人的安全依恋会转化为一种复原力传达给后代，安全感传达复原力，而不安全感传达风险。

但值得注意的是，虽然幼年的生活体验并不尽如人意，但少年、中年和老年的心智都可以持续成长。成人的大脑一生都在发生着变化。人们的人际关系直接影响觉察的内在体验。与人共享、通力合作的经验，才能让生命充满了与人连接和存在意义的整合感。

大脑既是一个独立的系统，也是更大系统的一部分。身体内的能量信息流和人际间的关系是"心智成长"的两个重要方面。因此心智的发展是人际关系和大脑跨时空改变的过程。在神经生理过程和人际关系中，心智起着调节功能。人际经验影响着大脑，而且生命早期的人际经验扮演着组织者的角色，甚至人的一生都在持续促动大脑的改造。

依恋关系与互赖能力

曾经有句话描述两个人没有缘分，会说两个人的关系像是两条平行线，没什么交集。然而罗切斯特大学心理学教授爱德华·L.德西却指出：最好的关系是"支持自主"的"双行道"，无论是朋友或是伴侣。最成熟和最令人满意的关系的特征是，一个人的真实自我与另一个人的真实自我相互关联。

在许多人的生活中，最重要的关系是相互依赖。他们通过依赖于同样依赖他们的人来满足自身对关系的需求。那个人是你可以求助的人，可以依靠的人，可以支持你的人。那个人会倾听你，会在别人听不懂的时候理解你。但是那个人也需要你为之付出，伸出援手，倾听他，理解他。这些关系非常重要甚至必不可少，许多人都在围绕这些关系构建自己的生活。但在考虑互相依赖的关系时，有一个非常重要的部分，就是需要在互相依赖的过程中，构建互相自主以及互相支持对方的自主。每个人都依赖对方，但每个人都保持着他的自主、完整，以及自我意识。当每个人都是自主的，有真正的选择意识，这样的关系将是健康的，伴侣双方都将能够回应彼此的真实自我，并且支持彼此的个性和特质。

当两个人关系成熟时，彼此都可以向对方提出某些要求来满足自己的需求，并且完全相信，对方如果不想付出，就会直接拒绝自己。正如付出不会带来期望，接受也不会产生义务一样，在最理想的关系中，向伴侣提出要求，不会产生获得的期望，也不会给伴侣带来付出的义务。在这些成熟的关系中，人们自由地付出和拒绝付出。在满足自己的需求和向对方付出之间形成一种平衡。付出不以牺牲自己为代价，而是完全出于真实的自我。这种关系之所以成熟且稳定，是因为每个人都可以自由地表达自己的感受，每个人都可以坦诚地倾听对方的感受。例如，男友说"我生你气了"，他会意识到，不是你做错了什么，只是他没有得到他想要的。能够意识到自己的感受，并针对感受进行沟通，对于真实自我的发展和运行非常重要。

如果想要拥有这种成熟舒服的关系，就需要双方都能看见并承认自己的感受，并且明白他们的感受是由事件与自己的需求和期望之间的关系所决定，同时不带攻击性地、建设性地表达这种感受。然而在生活中，很多朋友要么过于依赖控制，要么过于独立从而丧失了互赖的能力。如果想拥有这种关系，就要学会掌握互赖能力。

如何才能建立这种关系，具备互赖能力呢？《高效能人士的七个习惯》给出了七个习惯模型，提出了人类成长到三个阶段的成熟模式图。可以帮助我们从依赖期成长到独立期，最后达到互赖期，如图2-2所示。

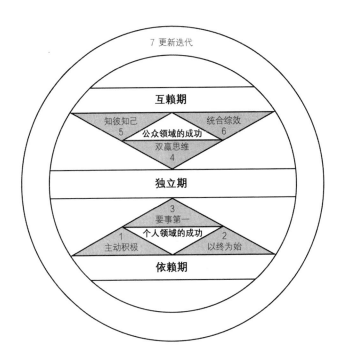

图2-2 七个习惯模型

依赖期：以"你"为核心——你照顾我；你为我的得失成败负责。

独立期：以"我"为核心——我可以做到；我可以负责；我可以靠自己；我有权选择。

互赖期：以"我们"为核心——我们可以做到；我们可以合作；我们可以融合彼此的智慧和能力，共创前程。

当我们不断刻意练习积极主动、以终为始、要事第一，就能获得个人领域的成功，从而从依赖期上升到独立期。当我们做到知彼知己、统合综效、双赢思维，就能收获公众领域的成功，从而进入互赖期。不断地学习、实践、更新就能螺旋上升，获得稳定持久的互赖关系。

封闭小怪的挑战：

对照七个习惯模型，看看自己目前在哪个阶段。

自我圈：我与自己的关系

曾经有个导师跟我说，人生就三件事："自己的事、别人的事和老天爷的事。别人的事和老天爷的事我们都决定不了，我们只能决定自己的事。刮风、下雨、打雷这是老天爷的事，亲朋好友、父母、儿子也都是'别人'。别人的事可以帮助，可以给意见、建议，但只能由他们自己做决定。"

了解心理学的朋友都明白，人生所有的事情都是围绕三种关系——与自己的关系、与他人的关系、与世界的关系。成功和幸福与这三种关系息息相关。前面介绍了我们与世界、与他人的关系，本节来学习处理"我与自己的关系"。

"人生最好的状态，就是做自己。"相信这句话大家都听过而且深以为然，但很多人不知道，如何才算做自己？丢下一封"世界很大，我想去看看"的辞职信就是做自己吗？不喜欢的事不做，不喜欢的人不理，就是做自己吗？相信很多人都试过，发现非但没活出自己想要的样子，反而更加迷茫无助、自我怀疑了。心理学家爱德华·L.德西对"做自己"的解释是这样的：**"人们需要认为自己是胜任和自主的，而且感受到与他人的联系。"**

做自己

只有自主的行为能带来真实性，因为它意味着我们成为自身行为的创造者，按照真实的内在自我行事。理解自主、真实性和自我的关键是被整合的心理过程。

在日常生活中，我们内化了来自社会的严格控制，并且顺从地回应那些力量。只有当引发和调节某一行为的过程与自我相整合时，该行为才会是自主的，这个人才是真实的。一个人心理的各个方面，与他内在的自我相整合或者相一致的程度是不同的。在这个意义上，真实就是与真实的自我一致。比如到了该结婚的年龄就该结婚生子，是因为"不得不做"，并非自己想结婚"选择去做"，这样的行为就不是真实、自主的。而如果自己真的就想结婚生子，而主动去做，这样的行为就是真实、自主的。

但如果我们按照真实、自主的想法做了，如拒绝去相亲，为何依然迷茫无助？因为光"自主"是不够的，如果感觉自己无法"胜任"自己想要的生活，就无法体会到做自己的存在感和价值感。比如还没想清楚要不要结婚，就不去相亲，拒绝家人的安排。但是发现这样抵抗下去，自己"无法胜任"独自面对生活的现状，因为不可能一直对抗。那如果一气之下离家出走，远离家人的干涉呢？如果没人支持，虽然是按自己的选择生活了却无法"过得很好"，也就无法获得"做自己"的胜任感和喜悦感。那如何能既"自主"又"胜任"，还能感受到与他人的联系，获得"做自己"的稳定喜悦感呢？接下来我们就进入"做自己"的心智成长大门。

心智成长的九个步骤

你知道是什么决定着每个人的命运吗？不是性格，也不是能力，而是心智。心智才是真正把人分成三六九等的关键因素。首先我们要了解下什么是心智，以及心智是如何影响着我们的人生的。

最近几年随着计算机、人工智能技术与科技的高速发展，我们对心智的探索越来越深入。20世纪90年代，美国著名心理学家丹尼尔·西格尔通过与多位试图定义心智和大脑之间关系的科学家做了研讨，最终给出的定义是："**心智是调节能量信息流的呈现过程和相关过程。**"他指出，一个人外在世界与内在世界的整合是个体蜕变及幸福的关键，并提出影响幸福的三个面向——**心智、人际关系、大脑**。其中，大脑是能量信息流的初始形成机制，人际关系是能量信息流的传播机制，心智则是能量信息流的调节机制和具体表达。

前面介绍过决定我们人生的三种关系：与自己的关系、与他人的关系、与世界的关系。从某种意义上讲，只要我们能处理好这三种关系，就能获得成功与幸福。为了让大家更加清晰地把握心智成长的路径，我把它分为三大阶段、九个步骤。三大阶段分别是：自我期、开放期和融合期，对应处理"与自己的关系""与他人的关系"及"与世界的关系"的三层心智成长目标。九个步骤分别是：迷惑混乱、觉察反省、自我整合、专注忘我、乐观主动、内外整合、知行合一、无我利他、无惑自在。心智的每层成长都需要经历从混乱中觉醒并整合的三个阶段。

自我期（与自己的关系）

心智成长目标：能够觉察、找到自己，反省并接纳不完美的自己。

第1阶段：迷惑混乱——这个阶段对自己的言行毫无察觉，行为完全出于本能。这个阶段也称为"动物本能阶段"，不知道自己的言行是在帮助自己还是危害自己，与人相处按照本能喜好或逃避，遇到问题觉得都是"你"或"他"的问题。

第2阶段：觉察反省——这个阶段能够觉察到自己的情绪与状态，开始关注自己行为背后的原因，思考自己为何会这么做、为何会这么说，我们称之为"觉察反省阶段"。不再会抱怨外在的人和事，开始全方位地观察、反思自己，步入一个伟大的开始，生命开始觉醒蜕变。

第3阶段：自我整合——这个阶段逐渐接纳自己，减少内耗，心态趋于平和稳定。经过长期的觉察和自我关注后，行动力也开始越来越强，基本不会由情绪控制自己，变得非常理性，时间管理和精力管理越来越强。建立起自己的思维系统，开始独立思考，拥有独立的判断力和决策力。

开放期（与他人的关系）

心智成长目标：能够自主胜任、主动社交并接纳不完美的他人。

第4阶段：专注忘我——这个阶段开始建立起稳定的自信，明确了自己的方向，外界的评价、嘲笑、讽刺将不会对他产生任何干扰。坚定忘我地前行，对要达成的目标和结果进入完全的痴迷状态。进入这个阶段的人会迸发出超强的领袖魅力。愿意打开自己去接触他人，并主动获取外界的正面影响与帮助。

第5阶段：乐观主动——这个阶段能够拥抱挫折，会用理智来调节情绪、控制行为，异常地专注，行动力超强。哪怕频繁受挫也能客观、乐观地对待，能始终保持积极开放的心态与人交往，能够洞悉人心和人性。

第6阶段：内外整合——这个阶段开始接纳不完美的他人，创造力逐渐增强，内心不断会涌现出慈悲。可以很好地平衡自己与他人的关系，不再需要依赖或控制他人来获得内心的安全感。既不会迷失自己又能开放合作，既能自信笃定又能欣赏和包容他人。

融合期（与世界的关系）

心智成长目标：能够洞悉本质、掌握规律，并能接纳不完美的世界。

第7阶段：知行合一——这个阶段明白了"利众者，众人利之"，身边的资源将会越来越多。开始对世界万物的规律有所洞见，能够客观地自我评价与看待世界，并将笃定自己人生的方向，不断复盘迭代。

第8阶段：无我利他——这个阶段内在富足，开始拥抱不完美的世界。能够觉察到自己与世界千丝万缕的因果联系，利他之心持续涌现。

第9阶段：无惑自在——这个阶段真正明白了"我是谁"，了悟了人生与世界的规律，清晰地知道我与世界的关系，获得了

"从心所欲而不逾矩"的大自在。

心智成长的第一层自我期，关注点主要在自己身上，更关注自己眼中的自己，比如自己的感受、喜好、想法等。完成自我期的成长就可以洞见真实的自己，更加客观地面对自己，并且接纳不完美的自己。

心智成长的第二层开放期，关注点从自己身上转移到他人身上，开始关注别人眼中的自己和自己眼中的别人。能够更加客观地评价别人，也能更加客观地接纳别人对自己的评价。

心智成长的第三层融合期，关注点从自己和他人的关系中跳出来，看到外界的环境与事物本质的规律，开始关注主观世界和客观世界与自己和他人的关联。

值得注意的是，心智成长的这三大阶段和九个步骤并不是每个人都能完成。有些人可能一辈子都停留在自我期，对外界的人漠不关心、对外界的事充耳不闻，也有些人可能到达开放期就已满意，选择不再提升。而且心智的成长既可以提升，也可能退转，但是一旦跨越心智成长的一个完整时期，成长就会趋于稳定、较难退转。比如一旦完成自我期的心智成长进入开放期后，就能形成稳定的自我接纳，形成良好的自我沟通通道，可以与自己相处得很好；一旦完成开放期的成长进入融合期时，就能形成安全开放的心智状态，拥有和他人相处的能力与智慧；一旦完成融合期的成长就能真正达到无惑自在，也就是很多人向往的圆满状态。那么如何看清自己处在哪个阶段，有什么方法升级心智，从而拥有圆满的人生状态呢？下面我们就启动心智导航，揭开心智成长的修习之路。

心智导航体系

为了让成长之路清晰可见，我结合四十年的个人成长经历、十几年的咨询实践与心智理论的研习，设计了一整套心智成长的"心智导航"系统，包括心智罗盘、心智力仪表与心智地图。以便帮助大家系统地评估自己或他人的心智力状态，快速掌握心智成长的规律，找到心智升级的有效路径。心智罗盘包括了三大系统：**动力系统、算力系统、控力系统**，如图2-3所示。

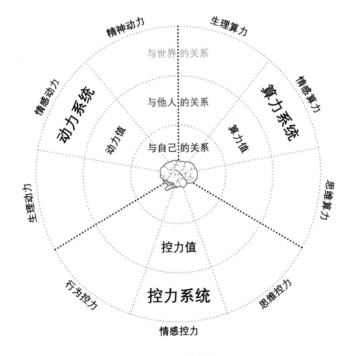

图2-3　心智罗盘

动力系统决定了一个人的动力值，算力系统则决定了他的算力值，控力系统决定了他的控力值。通过动力系统的动力值、算力系统的算力值、控力系统的控力值，就能清晰地知道自己的心智力情况：心智力值＝动力值×算力值×控力值。

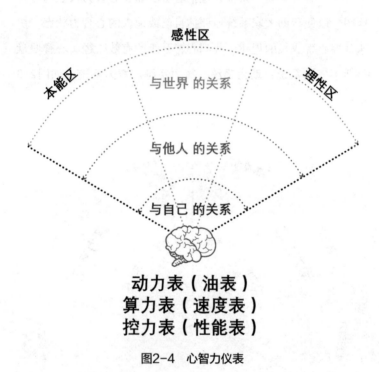

图2-4　心智力仪表

将心智罗盘的三大板块单独分出，就是对应的心智力仪表，如图2-4所示。

减肥的人总是无法坚持，失败的人总是不够自律……问题就出现在动力系统上。一个人的动力值决定了能走多远，没有动力的愿望只能是纸上谈兵，动力不足的行动只能是半途而废。然而有了动力也未必能成功，认知、信念与潜意识等构成了我们的算力，成为我们解读人和事的算力系统。一点认知偏差足以让人们背道而驰，一个偏见足以毁掉一段关系。算力的好坏决定着人心向背，更决定着人生的成败。同时，如果我们的做事的动力、如何做事的算力都很高了，做成事的控力却不足，还是无法拥有强大的心智力。因此，我们还必须在现实中真刀实枪地实践训练，只有这样才能建立起我做成事的控力，从而获得彻底的成长，拥有稳定强大的心智力。

我们看到心智力仪表中的三种关系：与自己的关系、与他人的关系、与世界的关系的成长区域，分别对应了心智成长的自我期、开放期和融合期。心智力的提升，如同万丈高楼平地起，只有由低到高、由内向外才会比较稳固。反之则可能会功亏一篑，一无所成。比如只知道一味地混圈子搞关系，或者一味地满世界找机会，运气好了偶尔也会成功，但却无法持久。最终可能"被伤害"或者"竹篮打水一场空"，而且自己还一头雾水、一脸迷茫地不知道为何"大家都辜负我""为何我这么倒霉"。

用心智地图（详见Part Ⅱ有关章节）可以更清晰、便捷地分析出心智处理信息能量流的动力、算力和控力情况。从而做到心中有数，并且知道从哪入手才能高效地提升自己或帮助他人获得心智的成长与发展。

需要注意的是，虽然为了方便大家应用，将心智系统分为动力、算力与控力等三个系统，但这三个系统绝非彼此孤立，而是相互关联、相互支撑的。比如动力系统动力值的高低与算力系统的算力值大小、控力系统的控力值强弱都息息相关，同时与三种关系（与自己的关系、与别人的关系、与世界的关系）也是紧密关联。

举个例子，当一个律师掌握了专业知识与技能，并且心怀维护司法公平的梦想和使命，他就能帮助很多人实现自己的梦想。而如果他并不喜欢律师工作，即使他掌握了专业知识与技能，有能力帮助很多人，但他可能会觉得这样的人生毫无乐趣，工作缺少动力。又或者虽然他心怀梦想，非常喜欢做律师工作，但认知水平、专业能力不够，也很难实现梦想、体会到价值感和满足感，久而久之就会失落沮丧、动力不足。还有些人虽然怀揣梦想又有能力，但是对自己非常不自信，结果做起事来畏首畏尾、怀才不遇；或者虽然他有自信，能够处理好和自己的关系，但总是和别人相处不好，一样会因为缺乏认同感而丧失动力。

如果搞不清人生的意义，也弄不清自己和世界的关系，可能就会失去奋斗的动力而选择随波逐流或者干脆"躺平"。由此可见，决定我们心智力强弱的核心要素，既有内在的动力、算力与控力，又有外界的人际关系和所处的环境背景。

心智系统概述

心智升级往往是从内到外：只有整合了与自己的关系，才能更好地整合与他人的关系，才有能力整合与世界的关系。而三大力成长也是有次序和依从关系的：只有动力提升了，才有可能提升算力与控力，这样才能收获稳定、可持续的心智成长。影响心智力强弱的动力值、算力值、控力值，就如同跑车、飞机的仪表盘一样，可以帮我们时刻检查当下的"性能"状态，如图2-5、图2-6、图2-7所示。

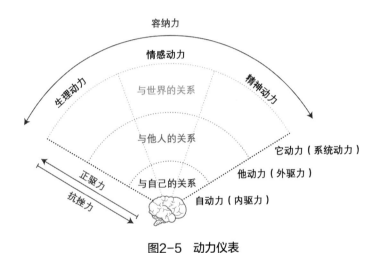

图2-5　动力仪表

首先我们先来看下主导动力值的动力系统。基于第1章大脑的内容，我们可以看出，我们的动力系统主要由生理、情感和精神提供能源。同时基于三种关系范围：自动力（内驱力）、他动力（外驱力）和它动力（系统动力）。如果从作用力的方向还可以分为由内向外的正驱力、应对由外向内的抗挫力，以及整合内外的容纳力。具体内容会在第3章深入讲解。

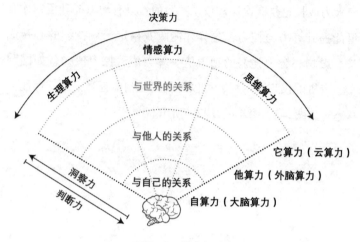

图2-6　算力仪表

　　再来看决定算力值的算力系统，同样分为生理算力、情感算力与思维算力。同时基于我们与自己的关系模式、与他人的关系模式和与世界的关系模式，也形成了自算力（大脑算力）、他算力（外脑算力）与它算力（云算力）。我们是否愿意打开心扉向外探索，反映了洞察力；对外界信息能量流的辨识，反映了判断力；对其整合和处理，则反映了决策力。具体内容会在第4章深入讲解。

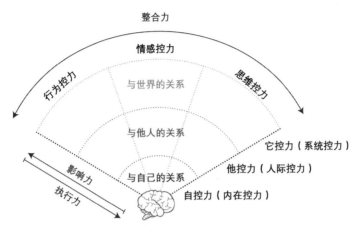

图2-7 控力仪表

最后，我们再看一下决定控力值的控力系统是如何运作的。行为控力、情感控力与认知控力决定了我们的控制能力。而我们与自己的关系处理情况影响了自控力（内在控力），与他人的关系决定了他控力（人际控力），与外物世界的关系则决定了它控力（系统控力）。其中，他控力有多种形式，包括领导力、朋友力、伴侣力、家长力等。当我们可以抵御来自外界的欲望与挫折，就建立起执行力；当我们可以把自己的所思所想传递出去，就形成了影响力；当我们能够统筹全局和控场时，就形成了整合力。具体内容会在第5章深入讲解。

心魔的挑战：

对照心智成长的三大阶段九个步骤，看看自己处于哪个阶段。

恭喜你已经跑完了"大脑地图"和"关系地图",完成内功和外功的基础修习!接下来我们将正式进入心智升级的进阶修习,深入"心智地图"的3大副本:动力系统、算力系统、控力系统,集齐心智罗盘、心智力仪表和心智力地图的修习秘籍,正式开启心智升级的实战大门。

PART Ⅱ

心智系统

第3章

"想要做"的动力系统

- 闯关地图：

    启动区、增广区、续航区

- 通关任务：

    1. 熟悉启动区、增广区、续航区

    2. 打败躺平怪、虚无怪

- 本关装备：

    幸福三角、动力三角

    心智动力仪表、动力罗盘、动力地图

- 通关心法：

    享乐主义的幸福定义是错误的，因为真正的幸福
    必定隐含着各种各样的困难。幸福远不止像享乐
    主义所定义的那样简单。

启动：如何点燃"渴望做"的斗志

"幸福发动机"的动力小测试

1. "动力"功能自测

（1）对于该做和想做的事情：

A. 我总是马上行动（1分）

B. 有时行动，有时拖延（0分）

C. 我总是习惯拖延（-1分）

（2）遇到自己很难解决的困难时：

A. 我总是能找到朋友帮我出谋划策或出手帮我（1分）

B. 有时求助，有时忍着（0分）

C. 我总是不喜欢求助，解决不了就忍着或等等看（-1分）

（3）大部分时候：

A. 感觉自己很幸运，心中充满感恩（1分）

B. 没什么太大感觉（0分）

C. 不喜欢接触外界环境（-1分）

测评解析：

2分至3分：发动机功能完善，能够从外界获得支持，满足感较高；

　　-1分至1分：发动机不稳定，随遇而安，外界对自己的正面帮助较少；

　　-3分至-2分：发动机功能受损，做事没有动力，满足感较低。

2、"动力"效能自测

　　（1）面对机会：

　　A. 总是积极努力，把握机遇（1分）

　　B. 默默做，等待机会（0分）

　　C. 总是害怕竞争，机会一般都不属于我（-1分）

　　（2）面对困难与挑战：

　　A. 总是能找到办法，相信只要努力总有办法（1分）

　　B. 努力就好，结果怎么样不重要（0分）

　　C. 总是发现找不到办法，我也无能为力（-1分）

　　（3）面对不如意：

　　A. 总是有足够的耐心，愿意延迟满足并积极努力（1分）

　　B. 很无奈，但会积极调整（0分）

　　C. 总是想希望想要的结果马上实现，总是很慌张焦虑（-1分）

测评解析：

　　2分至3分：动力效能良好，生活状态比较积极；

　　-1分至1分：动力效能不稳定，动力不足；

　　-3分至-2分：动力效能受损，遇事习惯逃避。

2300年前，亚里士多德曾说，世人不分男女，都以追求幸福为人生最高目标。"幸福"这个词很虚，却很重要。如果我们无法了解幸福的真谛，就无法获得源源不断、稳定的能量支持。如果不能认清人生的方向，就无法拥有精准的决策智慧、持久的事业成就和稳定的满足感。

早在20世纪50年代，著名的心理学家马斯洛就对幸福做过深入的研究，在《寻找内在的自我：马斯洛谈幸福》一书中指出："享乐主义的幸福定义是错误的，因为真正的幸福必定隐含着各种各样的困难。幸福远不止像享乐主义所定义的那样简单。"也就是说如果把享乐定为的奋斗方向，结果可能不会是幸福。

现实生活中，很多人以为定个小目标"1个亿"意味着财富自由，以为"出人头地"意味着不再看别人的脸色，以为自己当老板意味着自由自在、幸福美满……这样的认知一度成为多少人的底层信念和精神追求。但心理学家们的研究表明，当收入上升到一定程度后，再增长就对快乐没什么影响了，亿万富翁也只比普通百姓快乐一点儿。物质上的享乐是无法成为支撑我们幸福所需稳定动力来源的。挣一个亿未必能自由，财富自由也未必能幸福，那么"幸福"背后稳定而持久的力量是什么呢？如何才能点燃斗志呢？

找到"渴望做"的源动力

对于人类的各种不幸和痛苦、健康和幸福，西方的心理学家进行了深入思考，对人的心理规律开展了深入、系统的研究，并基于各自的研究成果开创了多种心理学派系。最为著名的、对我们影响最大的有：精神分析学派的鼻祖弗洛伊德、行为心理学创始人华生、人格分析的开创者荣格、人本主义心理学先驱阿德勒，以及著名的需求理论的提出者马斯洛。

其中，马斯洛融合了精神分析心理学、行为主义心理学和人本主义心理学，提出了五层（后来扩展为八层）的需求理论模型，揭示了人类的最高追求——自我实现。这一发现让大众对人类的内在动机规律有了较为清晰的认知，也让我们直观地感受到人生的动力与幸福的密切关系。

马斯洛通过研究指出："直接追求幸福的行为并不是从心理上获得有价值生活的一种有效方式。相反，幸福可能只是一种副产品，一种附带现象，一种顺带而来的东西。能够使自己回过头来认识到自己原来很幸福的最好方法就是，让自己全身心投入一份有价值的工作或事业之中。"

近代心理学博士安吉拉·阿霍拉提出，幸福感是一种资源。美国心理学家、积极心理学奠基人米哈里·契克森米哈赖提出"心流"理论，指出了幸福感隐藏在"心流"这种巅峰体验中。而安德斯·埃里克森提出的"刻意练习"给出了获得幸福体验的关键方法。同时哈佛大学心理学博士丹尼尔·西格尔提出的"整合"，则指明了拥有幸福心智的核心能力。国内知名哲学家周国平指出，生命应该是单纯的，精神应该是优秀的，"把命照看好，把心安顿好，人生即是圆满"，即是幸福。并指出通过支配自己的价值观，来支配自己的幸福。

随着社会的发展，近代心理学的研究从对人类心理问题与疾病的研究，逐步转向对人类的积极性与发展的研究。认知心理学、积极心理学、发展心理学、脑科学（神经科学）、社会心理学等对于幸福的研究进一步展开，为如何掌握幸福提供了系统的理论指导和落地的关键路径。

无论是西方心理学家马斯洛、中国心学开创者王阳明、还是经营四圣之一的稻盛和夫都指出，幸福的动力源泉来自知行合一"刻意训练"的"整合"能力，即全身心投入（事业、人生的经营）的"心流"体验。

如何才能拥有知行合一的"整合"能力，获得"心流"体验？如何开启幸福人生的发动机，获得持久、稳定的能量来源呢？

启动幸福的发动机

美国著名心理学家丹尼尔·西格尔结合长期的心理治疗临床实践和行为与脑科学的理论研究，归纳出了"幸福三角"。他指出：一个人外在世界与内在世界的整合是个体蜕变及幸福的关键，并提出影响幸福的三个面向——**心智、大脑、人际关系**。其中，心智是与身体和人际关系相互动的，它调节着能量流与信息流，如图3-1所示。

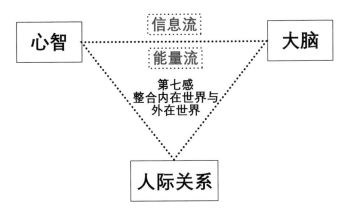

图3-1 丹尼尔·西格尔归纳的"幸福三角"

　　人类的心理机能是调整（试图整合）内部世界和外部世界的信息流与能量流，其通道来自幸福三角形的8个领域：**左右脑、感知力、觉知力、记忆、童年、自我、人际关系以及不确定性**。当我们能够把这8个领域的信息流和能量流引导至整合状态，持续发展时就能得到升华。我们就能获得内在天然的驱动力，得以治愈或收获幸福，丹尼尔·西格尔把引导至这种状态的能力命名为"第七感"。

　　基于能量流与信息流的特点，我也总结出了"动力三角"：自力、他力与它力，如图3-2所示。动力三角支撑着我们理解和处理自己与自己的关系、自己与他人的关系以及自己与世界的关系。同时，信息流与能量流在这三种关系中流通运转，构成了我们幸福人生的发动机系统，如图3-3所示。

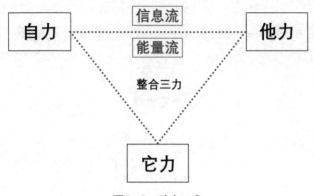

图3-2　动力三角

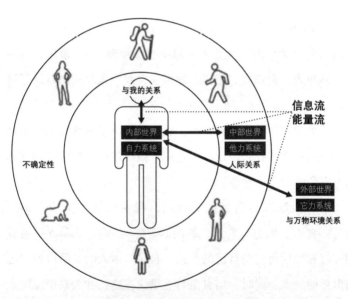

图3-3　幸福人生的发动机系统

这个发动机系统的它力包括了物质与非物质系统，可以用三维的视角理解，也可以用高维的视角理解。如果用高维视角理解它力系统，会有机会连接到更深层次的动力潜能。《开启你的高维智慧》用比较通俗易懂的方式做了解析。关于高维的理解，可以用哲学、心理学、科学、道家、佛家等各个视角去感知。接下来我们详细地拆解下动力三角是如何影响我们，并助力我们改变人生的。

打开心智动力仪表

了解油动力车的朋友都知道，决定车品质好坏的核心指标是发动机的性能。好车的发动机性能很灵敏，起步、加速都很快，动力十足，无论遇到什么路况都游刃有余；而发动机性能弱的车，起步很慢，开着没劲，爬坡费劲，复杂路况无法行进。

同样地，如果你仔细观察身边的朋友会发现，有的人总是热情似火，对生活、工作充满热情，无论遇到什么挫折、问题都能坦然接受和积极面对；也有的人总是萎靡不振，对什么事情都不感兴趣、打不起精神，遇事喜欢看负面，习惯逃避。前者就像拥有四驱八缸发动机的越野车，能够轻松越过人生各种崎岖不平的路况；后者则像是烧着柴油的拖拉机，犹豫纠结、拖拖拉拉，在人生的路上艰难行进，一旦遭遇挫折就会陷入无奈、迷茫，甚至止步不前。

我们能否顺利成长、迈向成熟、收获幸福，很大程度上取决于是否有足够的、持续不断的动力，支撑我们面对挫折与挑战、跨越障碍与危机。一个人即便知识再渊博、能力再强大，如果动力系统出现问题，可能连活着都变得艰难无力。就像一部越野车，哪怕配置再高，如果发动机坏了，依旧寸步难行。

车的发动机，是一种能够把其他形式的能量转化为机械能的重要系统。而对于人来说，人的发动机，是把人体的生物能量、情感能量、思维能量、愿力能量、人际能量、环境能量等转化为行动的动力系统。这恰恰是每个人心智动力系统的重要组成部分。

由于每个人的"车况"（童年、经历和面对的挑战）不同，从而造就了不同的动力系统功能与性能配置。只有持续优化自己的动力系统性能，不断升级系统配置，才能确保"驶向"幸福，安全顺利地抵达梦想的终点。

如同车的发动机系统，根据驱动方式分为两驱和四驱，前轮驱动和后轮驱动；根据储能容量的差异，分为四缸、六缸、八缸等；以及根据能源类型，分为用柴油、92号、95号、98号汽油等。那么人的动力系统，也可以分为3种动力类型：自动力、他动力、它动力；3种驱动方式：正驱力（增加正反馈）、抗挫力（减少负反馈）、容纳力（延迟满足能力）；以及3种动力能量来源：生理动力、情感动力、精神动力。这些构成了我们每个人的"幸福发动机"系统，也就是心智力核心的动力系统。为了方便大家理解和使用，我们用"心智动力仪表"来呈现，如图3-4所示。

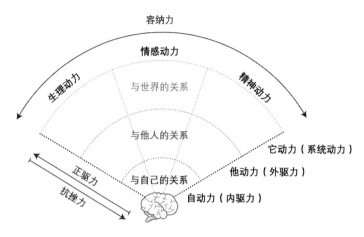

图3-4   心智动力仪表

如何评估"幸福发动机"的性能？动力系统是如何影响我们的，又该如何建构、持续升级？接下来两节会详细阐述动力系统的九大维度。

躺平怪的挑战：

大家可以通过本章开头的自测题，来初步识别一下自己的发动机动力情况。

增广：如何汇聚"四面八方"的力量

我们发现身边有些自力系统强大的朋友，对于该做和想做的事情有着稳定的信念，总能在遇到问题和机会时坚定地行动。他们动力十足，很少让自己陷入纠结、郁郁寡欢的情绪和犹豫不决的状态中，不会花过多精力去计算利益得失。因为在他们看来，这样的纠结毫无意义，与其浪费时间和精力在这些情绪和思考上，不如脚踏实地地不断试错和持续修正。他们不怕犯错，也不怕失败，无论遇到多么崎岖的路况，都有动力持续前行。

上一节介绍了"幸福发动机"系统，其中的自动力对于一个人的成长和改变起着决定性作用，自动力也称为"内驱力"。

挖掘真我，释放自动力

稻盛和夫先生把人分为三种：自燃型、易燃型、阻燃型。积极主动，为人处事、遇到问题能够自我驱动的人为"自燃型"；为人处事、遇到挑战时不能主动地迎难而上，但在别人的影响带动下能够燃烧起热情的称为"易燃型"；丝毫不能被影响，遇到问题时不积极面对，也拒绝改变的称为"阻燃型"。其中的自燃型就是自动力很强的人。

很多优秀企业家和成功人士都是具备强大的自动力系统，比如分众传媒董事长江南春先生，常年如一日只休息三四个小时；再比如财经作家吴晓波，从20世纪90年代起无论多忙、压力多大每年都坚持写一本书；还有大家熟知的王石，52岁登珠峰，60岁赴哈佛，坚持运动，不断挑战自己的极限；巴菲特坚持每天阅读500页，读一切可读之物；查理·芒格被誉为"行走的图书馆"……这些成功人士都是非常自律、动力十足，他们强大的内在动力不但带来稳定的自信，也取得了令人赞叹的成就。如何才能拥有强大的内驱力，成为自燃型、自律的人呢？

仔细观察这些人，结合图3-4动力仪表可以发现，生理动力、情感动力、精神动力会成为我们行动的动力或阻力。

为了方便大家理解，挑出影响内驱力的关键因素详细解析下。

生理动力——身体：大脑、脏器与四肢的健康状况，多巴胺、内啡肽等因子的分泌情况。

生理动力——记忆：已存储于记忆与身体中的原始信息和原始感受素材，比如童年的经历和相关事件的记忆。

情感动力——安全感和归属感：为获得安全感和归属感而行动。

情感动力——情绪感染力：我们对人、对事物的情绪是有正向或负向影响力的。

精神动力——求知欲和审美欲：去理解和模仿感兴趣的

事物。

精神动力——信念动力：自我意识形成的价值观、人生观、世界观等。

精神动力——愿力：来自超我的价值期待、美好的愿望或良知、心根的指引。

我经常举一个例子，为什么同样面对大海，有的人躲得远远的不敢靠近，有的人兴奋地跑去玩耍？不同的人会有不同的行为和选择，这背后的动力模型是什么样的？

一个从小被水淹过，甚至发生过溺水的人，记忆里就会存储"水是危险的"认知素材和"害怕"的感受素材，甚至形成坚定的"我要离水远一点"的信念。当他的感官系统发现大海时，他的自我意识比对记忆里的认知与感受素材，就会自动激活本能脑和情绪脑，分泌产生恐惧的分泌物，并引发离海边远一点的应激行为。

而另一个经常玩水的人，记忆与身体存储着"水是很好玩的"认知素材和"兴奋"的感受素材，甚至形成坚定的"水能给我带来快乐"的信念。当他的感官系统发现大海时，他的本能脑和情绪脑就会分泌多巴胺等快乐因子，并调取记忆里的认知与感受素材，就会产生兴奋的感受和迫不及待去水里玩的行为。

不过，如果害怕水的朋友有机会在别人的提醒下或超我的指引下激活理智脑，觉察到"这个大海和小时候被淹的环境不一样""我应该勇敢地挑战自己"，就有可能改变主意去尝试，从而有机会替换原有的"害怕"感受素材和"水是危险的"认知素材。甚至彻底改变认知而形成"只要我注意安全，玩水也是很有趣的"信念。

当然，如果喜欢水的朋友在别人的提醒下激活理智脑，觉察到"这个大海汹涌澎湃，和我以前玩的水不同"。或者在"良知"的指引下，意识到"应该听父母的话，保护好自己是对家人负责任"，就有可能放弃下水，甚至调整认知"不是所有的水都好玩、都安全"来代替原有的认知与信念。当我们聚焦信息流与能量流，就可以顺藤摸瓜地了解我们内在的动力系统是如何运转的。

我们对所有信息的加工过程是这样的：外界的信息先以我们的身体（借助感官系统）作为媒介，通过本能脑和情绪脑感知、确认和归类素材，如果时间允许的话还会通过理智脑的觉知比较，对曾经存储在我们的记忆与身体里的认知和感受进行分析，参照本我的生理需求、自我的情绪需求与超我的理智期望和道德要求（"良知""心根"）的指引，形成认知与结论，同时产生相应的情绪与行为（如图3-5所示）。当然前面提过这个过程中经常会被本能脑和情绪脑夺权，跳过理智脑直接处理信息并行动。

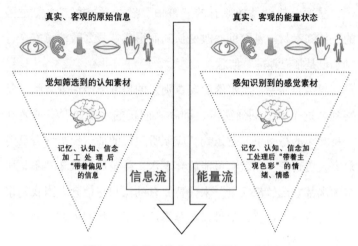

图3-5　人体对信息和能量的加工过程

　　我们每个人所理解的"我"，其实像洋葱皮一样层层包裹，如图3-6。我们一出生时，身体带来的本我需求就产生；当长到一两岁时，带着童年记忆的大脑产生了自我意识；随着心智的成长与发展，自我包裹着的超我也逐渐形成。本我包裹着自我又包裹着超我，当这三个"我"能够整合并和谐相处，我们才可以善用内在的能量，拥有持久、稳定的幸福感。这恰恰也是心智升级三大阶段中自我期的主要任务。

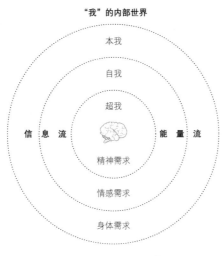

图3-6 三个"我"

近朱远墨，借用他动力

不是每个人都能依靠自己快速建立起强大的内在动力，所以学会借力至关重要。而借力的前提是，识别出各类社交关系是如何影响我们的。同时有意识地筛选、过滤，积累对我们有益的人脉关系圈，从而建立起良师益友的智囊团来助力。

我们都听过"近朱者赤，近墨者黑"。第2章也全面介绍了社交关系和外部世界是如何影响我们的。也就是说，和积极乐观的人在一起，更容易获得积极正向的影响；与悲观厌世的人相处久了，便容易被负面的思维习惯和情绪所影响，导致自己也变得消极悲观。如果和自律、成功的人在一起，会更容易被积极自律的行为习惯和锲而不舍的精神所影响，让自己变得更自律、坚毅。他人带给我们的能量影响主要也来自生理动力、情感动力和精神动力。比如，除了情绪会互相传染外，如果身边的朋友都是运动达人，我们也更容易获得他们在健康、体能上的正面影响；如果身边的朋友都志存高远，我们也会更多地思考自己的人生。反之也会给我们带来负面的影响，尤其当自动力不够强大时，就更容易被拖下水。

然而现实生活中，很多人并不会像孟母三迁一样为自己选择有益于成长与发展的朋友圈，也不会刻意地经营自己的良师益友。仅凭情绪上的喜好和感受，结果要么交往了很多酒肉朋友，甚至被所谓的"朋友"拖下水；要么因为害怕受伤而减少社交，导致圈子越来越窄，人越来越"宅"。

以下这些社交关系是影响社交动力的关键因素：

亲人：来自亲人和家族的影响力；

贵人：来自良师益友、客户伙伴的支持与指引；

团队：来自团队、粉丝的信任与支撑力。

他力系统同样包含生理动力、情感动力和精神动力三个维度。比如家人对于我们的健康照料、情感支持和精神鼓励。我们要有意识地选择和经营亲密关系，哪怕是亲戚，也不是任何人都值得深入交往。每个人都是自由、有选择权的，可以有意识地拉近距离，或拉远距离。中国有句老话叫"家和万事兴"，获得亲朋好友的支持是穿越逆境的巨大动力。反之，如果遭遇后院起火、众叛亲离的重大阻力，某种程度上甚至能毁灭一个人的前途与命运。

社交，是人的基本需求，也是能量的重要来源。经过这些年的观察和调研，我发现越是成功、满意度越高、幸福感越强的人，越是懂得人脉筛选，善于构建有营养的"社交圈"。他们非常懂得珍惜贵人，注重家族关系的经营。在我调研、访谈数百位企投家后，发现他们有着惊人的相似之处："关键时刻都有贵人相助"。

比如出狱后74岁借钱创业的褚时健，获得了王石的支持，年年高价采购褚橙，从而树立了褚橙"励志橙"的江湖地位。再比如稻盛和夫创业之初，有人为了支持他开创事业，不但拉上许多企业家前来投资，甚至把自己家的房子都抵押贷款给稻盛和夫投资。

同时，如果没有团队伙伴的支持，一个人即使再有能力，最终也常常壮志难酬。如果没有众多铁粉的支持，不会有如今的小米；马斯克也是想尽办法，找到最厉害的人才，才一次次让他疯狂的想法一点点成为现实；如果刘备没有三顾茅庐请来诸葛亮，也不会有他的帝王大业。

值得注意的是，无论是亲朋好友还是贵人伙伴，要懂得识人、用人，更要懂得用心待人，套路永远都抵不过纯粹的真心和实意。正所谓"得人心者得天下"，得道者多助，失道者寡助。

顺势而为，建构它动力

除了人际关系，外在环境与系统结构也是重要的动力来源。比如，当我们心情不好时，到公园散散步、听听鸟语、闻闻花香，或者到海边吹吹风、踏踏浪、爬爬山、登高望远，都能转化心情状态，补充能量。

它力的能量也是来源于物理、情感与精神三方面，包含以下几种：

文化环境：由不同的文化背景、经济环境、信仰与价值观体系等构成的环境；

组织架构：由不同的社会体制、法治体系、组织体系、规章制度等构成的环境；

物质环境：由看得见摸得着的物质，如桌椅、房屋、交通工具、艺术品等构成的物质环境；

自然环境：由花草树木、动物世界构成的大自然环境；

非物质环境：由非物质系统或暗物质等带来的能量影响，如电磁波、光热等看不见摸不着的能量系统。

通过第2章对信息能量流和组织能量的学习，我们会发现，除了人际关系的影响力外，来自环境的能量系统也不容小觑。举个例子，在勤劳节俭的家庭环境下长大的孩子很容易养成勤劳的习惯。

一个企业的不同制度、一个国家的不同体制也造就了不同的组织力。正如此次我国抗疫的成功，恰恰体现了中国制度的优越性。一个成功的企业往往诞生于完善的组织架构和优秀的文化系统。曾经有个老板和我抱怨公司之前的两任财务都发生挪用公款的行为："我这么信任他们，对他们那么好，怎么都这么没良心。"结果一问才发现，他的公司根本没有财务制度，更没有公款分开管理、提款复核的机制。要知道，信任不等于纵容，放权也不等于弃权。正是他的"信任"把他们送进了"监狱"。

曾经有学生问我："你是怎么做到早上6点起床，坚持运动的？我怎么就做不到呢？"于是我想了个办法，召集他们说，我们来个21天的运动打卡活动。如果你愿意参加，先交给我315元作为打卡承诺费。每打卡一天，我返还你15元，打卡21天，315元全部返还给你；如果你断了一天，这天就不返还了。结果可想而知，大部分人都很自然地坚持下来了。当我们内在的力量不够的时候，学会借助、善用它力，就能够顺势而为；懂得"借东风""草船借箭"，就能够逆势而起。

续航：如何获得"用不完"的劲

前面介绍了三种动力来源：自动力、他动力和它动力；和三种动力类型：物理动力、情感动力、精神动力。动力从驱动方式又可分为正驱力、抗挫力和容纳力三种。

在彼得·圣吉的《第五项修炼》一书中，提到了系统中的三种反馈过程：正反馈、负反馈和延迟效应，清晰地诠释了作用力的规律。其中，**正反馈**发现微小变化是如何增长的；**负反馈**是稳定因素和抵制力的来源；**延迟反馈**是行动和结果之间的间断和空隙。几乎所有反馈都存在一定的延迟，这就需要我们辨别结果是尚未实现还是已经结束，以及能为结果耐心地等待。

这三条让我们对系统动力的规律有了一个清晰的认识。

激活正驱力，善用正反馈的能量

从心理学上说，人本能的核心动力主要是"追求幸福"和"逃离痛苦"。其中，追求幸福是对未来美好的向往，也就是来自未来的正向动力的牵引。生活中有很多类似的情况，比如为了穿上好看的衣服，而运动减肥；为了尽早下班，而尽可能地提高工作效率；为了更好的收入，而努力拓展客户；为了展示才艺，而努力地练习歌舞，等等，这些都是来自美好追求的正向驱动力。

　　善用正反馈就能逐步建立起正向驱动系统。比如，前两天我一位跑团的朋友发现：很多人刚开始尝试跑步时，往往不相信自己可以跑那么多公里。但当教练第一次陪伴跑完全程后，就会体验到一种"原来我是可以的"正反馈。而如果以后善用这种正反馈，持续坚持，就会一点点突破自己，形成一种满足感和突破的快感，从而建立起追求美好状态的正驱力。

　　这种正驱力也来自生理动力、情感动力、精神动力，比如（不限于以下这些）：

生理正驱力：健康身体带来的生理活力；

情感正驱力：美好友情带来的陪伴与关爱；

精神正驱力：梦想、成功带来的价值动力和愿力。

蓄积抗挫力，善用负反馈的能量

　　举一个负反馈的例子，前些年很多家长追捧"鼓励式教育"，后来发现鼓励似乎有副作用。在这种单一的动力下，孩子独立面对挫折的能力似乎更弱了。这是为什么呢？

　　原因是负反馈会建立一套稳定的模式，排斥改变，让孩子渐渐习惯了被鼓励，每次鼓励都会加大孩子对鼓励的依赖。这种稳定的模式会抗拒改变，也就接受不了批评的言语，而社会这个大熔炉是有各种类型的作用力与社交刺激的。无论是孩子还是成人，如果只能接受积极正向的肯定，无法接受负面反馈的意见或失败的结果，久而久之就像温室的花朵，对压力、委屈、痛苦等挫折的心理免疫力就没机会建立起来了。

因此，我们不但要建立起正向驱动力，也要具备抗挫力，学会善用"痛苦能量"的能力。要知道负能量也是一种能量，而且在生活中负能量往往比正能量来得更多。这种抗挫力也来自生理动力、情感动力与精神动力，比如（不限于以下这些）：

生理抗挫力：身体受到攻击、伤害、疲劳时的抵抗力和复原力；

情感抗挫力：人际关系遭受挫折、压力时的忍耐力和反抗力；

精神抗挫力：遭遇失败、困境时的心理承受力。

无论是哪类挫折，都需要在实际的磨炼中建立起抗体。尤其是人际交往的压力和问题，是每个人在成长过程中都会面临的。如何处理欺骗、误解、委屈、所求不得等各类问题是每个人都要学习的。

我们常常听说过一直都很优秀的孩子，进入大学或出国留学后抑郁自杀的不幸故事。也听过很多已经到达事业巅峰的精英，遇到大的磨难而一蹶不振的例子。由此可见，没有经历过逆境，就很难有机会磨炼出逆商。我曾为一个学生做过心理辅导，他本人曾经非常优秀，在学校还做过班长，因为一路太顺利反而很难接受失败，于是出现问题后就彻底崩溃抑郁了。

面对挫折是人生最重要的一堂课，然而很多家长面对挫折时自己往往也是逃避、恐惧，手足无措。如果家长不懂得接纳负能量和正确面对挫折，家庭没有建立起正向的支持系统，则可能给孩子的成长增加阻力，甚至成为压倒孩子的最后一根稻草。很多时候因为我们不懂如何去爱，结果在不自知的情况下"以爱的名义"造成了很多伤害。

作为家长、领导或伴侣，建立抗挫力的原则为："包容但不纵容""支持但不替代""协助但不过度保护"。这样就能陪伴对方开启面对的勇气，建立起抗挫的能力。

其实，负能量也是一种能量。来自外界的打击往往是一种良药苦口的"善意提醒"信号，是可以帮助我们获得反向动力的重要信息与能源。比如明代立志做圣贤的王阳明，正因为被父亲、老师打击，更加努力地思考做圣贤的途径和方法，才将不成熟的幻想变成了知行合一的能力。

再比如建立经营哲学的稻盛和夫，正因为被创业团队威逼加薪的罢工谈判，才促使他彻夜冥思苦想，发现了经营企业的核心本质，从而调整了企业经营的核心方向，并实现了"在追求全体员工物质与精神两方面幸福的同时，为人类社会的进步发展做出贡献"的伟大目标。当我们对痛苦的免疫力越来越强时，战胜困难的肌肉就会越来越坚实，解决问题的信心就能越来越丰盛。

提升容纳力，善用延迟反馈的能量

这几年我们耳熟能详的一个词叫"延迟满足"，这是因为大家越来越明白，事物的发展是需要时间的。一颗小树木不可能一天成为参天大树，拔苗助长反而会造成事与愿违的结果。同样，人的成长、生活与事业的成果也不可能一蹴而就。心急吃不了热豆腐，了解了万事万物的发展规律，我们就会明白：延迟也是一种能量，学会等待也是一种非常重要的能力。

能够允许犯错、可以接纳结果延迟出现，才能等到开花结果的结局。否则不是我们做得不够，恰恰可能是做得太多了，画蛇添足地瞎捣乱。

相信很多人都有过这样的体验：付出了，马上就想见到回报；做了事，马上想知道结果。我也曾经在创业规划产品时，恨不得马上把产品做出来；选拔人才时，恨不得马上找到合适的人才；实行管理时，恨不得团队马上能理解我的想法，做出预想的效果；甚至恨不得梦想一两年就能实现。直到有一天忽然意识到，梦想是我一辈子努力的方向，我应该用一辈子的时间去接纳、开拓自己的事业。当明白了这个道理，自己忽然就更加坚定有力，也忽然有耐心去面对各种问题、迎接各种挑战了。这种容纳力也来自生理动力、情绪动力、精神动力，比如（不限于以下这些）：

生理容纳力：对生理缺陷或不足的容纳度和适应力；

情感容纳力：对正负情绪并存的承受度，对心理落差的承受度；

精神容纳力：对不同个体和意见的容纳度，对缺点和失误的容纳度，对外界诱惑的抵御度。

"容错力""延迟满足"是每个人都需要，却容易忽视的能力。尤其当前几年国内经济处于高速发展时期。"快"和"规模"一度成为获得融资、创业成功的核心条件。然而随着经济环境的不断变化，如今已经不可避免地进入经济增长放缓，甚至长期放缓的新常态。容错力、延迟满足已经成为我们每个人成长与发展的必备技能。如何提升容错力，获得"容错"带给我们的能量呢？

当我们开始叫停，放下自己对表象的执着，用心感受事物发展所需的、真实的时间节奏，学会容许错误的出现时，就能给自己解绑，获得真正的自在。因为接纳事物本身的发展规律，才能获得长足和稳定的进步。

《大学》中说"知止而后有定，定而后能静，静而后能安，安而后能虑，虑而后能得。物有本末，事有终始，知所先后，则近道矣。"学会停，才能让内心真正地镇定、平静、安定下来。进入定静的状态，才能去除无明，开启明智的思考，从而获得"格物致知"的结果，拥有更加强大的容纳力。

当我们的容错能力不断提升，我们的成果才会更大、更持久。要想蹦得更高，就得蹲得够低。只有当我们允许孩子犯错，他才有机会学会面对挫折，更快地成长；当我们允许伴侣不完美，他（她）才有机会学会改变；当我们允许损失发生，才有机会学会珍惜当下拥有的一切；当我们允许接纳不如意，才能真正懂得幸福的真谛。

运用动力罗盘，获得源源不断的动力

动力系统不是相互割裂的，各种动力之间既相互影响，又紧密相关。比如学习、工作或做个家务，独自一人时想自律都不容易坚持；但如果有一群伙伴一起，有"他力系统"的支持就很容易坚持。再比如有一定的奖惩制度，有"它力系统"的助推，就能够促使大家获得正向激励，提升抵抗痛苦和延迟满足的忍耐力，最终达到自律的结果，甚至还能养成自律的习惯。

同样，在正向激励的作用下，我们延迟满足的能力也有机会获得提升，抗挫能力也有机会得到增强。当自力系统更加强大时，就有更大的动力扩大社交圈、拓宽视野，也就有更多的机会获得他力与它力的正面影响。反之，如果外力系统对我们造成负面压力，可能会影响我们自力系统的性能。但是如果我们厘清动力系统的内在关系并加以善用，就能学会借力、持续升级我们的"发动机"，最终熟练运用各种类型的动力能源。

如何来盘点并激活我们的动力，或者帮助他人盘点并激活动力呢？下面介绍**动力地图**和**动力罗盘**的使用方法，如图3-7、3-8所示。动力罗盘可以帮助我们盘点自动力（内驱力）、他动力（外驱力）和它动力（系统动力）；盘点生理动力、情感动力和精神动力。动力罗盘是对常见动力资源的一些分类，动力地图则是根据具体问题，相应地列出具体的资源。包括物质价值带来的物质资源、情感价值带来的情感资源、精神价值带来的精神资源，以及自圈、他圈和它圈内外3环。

图3-7　动力罗盘

图3-8　动力地图

动力地图可以帮我们梳理从内在到外的资源情况，比如所拥有的人脉资源与环境或工具等资源。其实"清晰"本身就是一种强大而稳定的能量，而且这种能量往往超越了我们的想象。畅销书《认知觉醒》的作者周岭就提出"清晰力"才是行动力，指出清晰力是把目标细化、具体化的能力。他认为行动力只有在清晰力的支撑下才能得到重构。这一点我也非常认同。如果用心体会会发现，任何事情一旦我们看清楚，搞明白问题的核心，解决起来就容易多了，这恰恰也是第一性原理应用落地的方法。

动力罗盘与动力地图的使用办法如下。

第一步，列出需要解决的问题，比如工作压力太大；然后列出问题的核心阻力，比如时间不够用。

第二步，先从自己内部开始盘点，列出3种（或以上）可用来解决问题的物理资源：比如，良好的身体状态可以帮助我们专注做事，提高效率；内啡肽的分泌能够帮助我们克服困难，激活挑战的动力；规律的生物钟可以帮我们建立用脑习惯，提高大脑的活跃度。然后，列出3种（或以上）用来提高动力的情感资源：比如，每天早起夸夸自己；表达出自己当下的情绪和状态，建立自我沟通，释放情绪压力。另外，列出3种（或以上）用来提高动力的精神资源：比如，想想完成工作可以带来的价值；回顾下自己的使命和愿望；再确认一下完成的工作，以提高自己的成就感，等等。

第三步，从自己的内在转移到外在的人脉圈，用类似的方法列出3条（或以上）自己的亲朋好友、同事等可以带给我们的物理价值、情感价值与精神价值等动力资源：比如帮我们分担工作，给予我们鼓励，或提供建议、方法等。

第四步，从人脉圈转移到外部资源，用同样的方法列出3种（或以上）可以帮助自己解决问题的外在资源、环境、工具等。同样也可以从物质价值、情感价值、精神价值等三方面的动力资源去盘点。而且可以从增加助力和减少阻力等不同的动力方面来考虑，比如能够帮助提高效率或降低压力。

最后需要说明的是，动力系统是可以持续迭代、持续升级的，如果你在实践中发现了更高性能的动力系统，也欢迎记录下你的践行与升级故事并分享给我，这会帮助更多的伙伴获益。

虚无怪的挑战：
用动力罗盘评估一下自己的动力资源情况。

第4章

"能够做"的算力系统

- 闯关地图：

  启动区、增广区、分解区

- 通关任务：

  1. 熟悉启动区、增广区、分解区

  2. 打败呆瓜怪、迷糊怪

- 本关装备：

  心智算力仪表、算力罗盘、算力地图

  生理机能与五大感觉、情感模式与注意力、思维模式与八大智能、学习金字塔、潜意识、U型理论

- 通关心法：

  人的大脑一生都在发展，心智一生都可以成长，可通过刻意练习来培养自己的算力。

启动：如何激活"洞见本质"的潜意识

1. "算力"功能自测

（1）我认为自己：

A. 对自己很满意，总能取得满意的成果（1分）

B. 遇到问题努力解决，但对结果不够满意（0分）

C. 觉得自己很糟糕，讨厌自己却无能为力（-1分）

（2）面对新困难与挑战时：

A. 总有贵人相助，身边不缺帮自己的朋友和贵人（1分）

B. 偶尔有朋友出手帮助，大多数靠自己解决（0分）

C. 基本靠自己，没有朋友会帮我（-1分）

（3）解决问题时：

A. 总能第一时间找到工具与资源，先于他人找到成功的办法（1分）

B. 有时会借助工具解决问题，但并不算擅长（0分）

C. 不习惯用工具，不太擅长也不喜欢（-1分）

测评解析：

2分至3分：算力功能较强，学习力与适应力都比较强；

-1分至1分：算力功能不稳定，需要优化算法或补充资源；

-3分至-2分：算力BUG较多，需要更新算法或修正认知。

2. "算力"效能自测

（1）与人相处时：

A. 我能够快速地打开话题，大家都觉得我善解人意（1分）

B. 大多数时候，我能和大家相处得和睦融洽（0分）

C. 我害怕与他人交流，大家不能理解我的所思所想（-1分）

（2）在做事时：

A. 无论是否做过，我总是能找到解决问题的核心规律和方法（1分）

B. 对于做过的事，我能快速找到解决问题的规律（0分）

C. 无论是否做过，我总是很难找到把事情做对的规律（-1分）

（3）与人沟通时：

A. 我很擅长理解每个人的想法，并能达成自己设定的沟通目标（1分）

B. 需要时，我能和对方顺畅沟通，有时能完成自己想要的沟通效果（0分）

C. 我害怕与人沟通，猜不透大家的想法，很难沟通

达成想要的结果（−1分）

测评解析：

2分至3分：算力效能很好，能够洞悉人心，做人做事都能游刃有余；

−1分至−1分：算力效能不稳定，聪明伶俐无公害，常常无法快速抓住本质拿到结果；

−3分至−2分：算力效能受损，总是找不到解决问题的方法。

前面我们了解了动力对我们的影响，然而如果动力十足而智慧不够，就会空有一腔热血却频频"意外"受挫，导致不知所措、迷茫无助。这章我们就来学习提升智慧、升级算力系统"配置"的原理与方法。

我们都知道计算机有个核心的性能指标"算力"，主要指计算机的处理能力。计算机的诞生其实是模拟人类大脑的思维和互动模式，因此，计算机的工作模式与人类大脑的工作逻辑类似。为了方便理解，我把大脑处理能量信息流的能力称为"算力"。

如今已经是信息爆炸的时代，我们要面对和解决的问题越来越多，信息量越来越大。要想不被淘汰并有所作为，就需要具备强大的算力。接下来我们就来了解下我们大脑的算力是如何形成的，以及如何才能更好地提升。

重建心智秩序，提高大脑算力

德国数学家鲁道夫·尤利乌斯·埃马努埃尔·克劳修斯提出过著名的热力学第二定律**"熵增定律"**："当一个非活系统被独立出来，或是置于一个均匀环境里，所有运动就会由于周围各种摩擦力的作用很快停顿下来；电势或化学势的差别会逐渐消失；形成化合物倾向的物质也是如此；由于热传导的作用，温度也逐渐变得均匀。"于是，整个系统终将退化成毫无生气、死气沉沉的一团物质。也就是被物理学家们称为"最大熵"的状态，这种状态下，再也不会出现任何变化，完全归于死寂。

1975年，心理学家米哈里·契克森米哈赖结合熵增定律，发现了心智秩序至关重要。他提出了"精神熵"的概念，是指人的注意力总是趋于混乱、涣散；我们大脑里的念头总是控制不住地万马奔腾。这种状态下我们内耗严重、算力低下，幸福感大幅降低。他发现精神熵的反面就是"最优体验"，在表现最杰出时的那种水到渠成、不费吹灰之力的感觉，比如运动员的"颠覆状态"、艺术家所说的"灵思泉涌"。在这个状态下，我们的心智秩序井然，如同军队一样有力而高效，洞察力、判断力和决策力（即"算力"）都会处于最佳性能。他将这种状态称之为"心流"，如何才能获得这种心流状态呢？

其实在达到心流状态时，我们会关闭大脑前额叶皮层的一部分功能，通过大脑分泌"去甲肾上腺素"和"多巴胺"等六种激素，并且不断深入，而心流的愉悦感也由这些激素产生。了解这些就能明白，心流不只是大脑这个黑盒子的外在表现，也有从大脑硬件工作原理上的生物学解释。

　　神经系统在有限时间内处理资讯的能力是有限的。也就是说，意识每次只能识别和回应一定数量的事件，而且新进的意识信息会把旧的挤掉。比如，当我们思索问题时，无法同时体会到幸福、悲伤等强烈感情；也不能一边跑步、唱歌，一边记账，因为这些活动都需要耗费大量的注意力。我们的思绪必须井然有序，否则就会混乱。如今的科学知识已估算出中枢神经系统处理资讯的速限，最多大致能同时应付7组资讯，比如分辨图像、声音、情绪或语言背后的弦外之音等。而且从一组转换到另一组，至少需要1/18秒。也就是说我们大脑1秒钟最多能处理126比特的资讯，1分钟大概是7560比特。

　　控制意识最明显的指标就是能随心所欲地集中注意力，不因任何事情而分心。若能做到这一点，我们就能在日常生活中找到乐趣。把有限的注意力像探照灯一般集中成一道光束，而不是任它毫无章法地散开，可以帮助我们快速地完成一件事，也可以因此而成就我们的人生。然而很多人并没有充分发挥处理资讯的能力。比如看电视、刷视频虽然需要处理视觉意象，但记忆、思考、意志力等都发挥不了什么作用；从事休闲活动、交谈、发呆都不需要处理太多资讯，也无须集中注意力。有些人学会了有效运用注意力这笔无价的资源，当然也有人弃之不用。

　　米哈里·契克森米哈赖指出，要想进入"心流"状态，就需要挑战难度适中的技能，如图4-1所示。如果将技能、挑战的难度从低到高划分，可以把人的行为模式分成8种。心流会在技能适中、挑战适中的理想区域出现。当我们的心中有了目标，这个目标有些难度，而且技能又能初步胜任并完成目标时。一旦开始投入心力，我们的注意力就会被即刻的反馈摄住，而环境也会逼迫着我们做出回应。就像乒乓球高手对打时，乒乓球就好像两人之间意识流动的媒介。一旦进入类似的状态时，就会体验到人类最美妙的感觉——心流。有趣的是，处于低挑战、低技能运用区域时则会体验到焦虑、冷漠、厌倦……也就是说，并非越轻松就越幸福，过毫无挑战的人生反而更容易增添痛苦感受，甚至可能导致"自我"的解体，这就是为什么许多极其优秀的人会过上无聊、颓废的生活。相反心智的成长可以增加自我的复杂性，形成精神负熵重整心智秩序，因此注意力塑造着自我，也被自我所塑造。

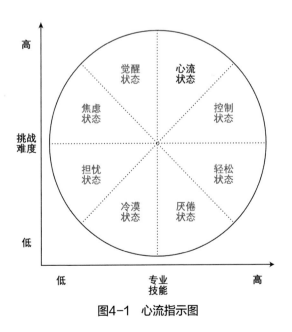

图4-1 心流指示图

米哈里·契克森米哈赖指出，心流的出现主要有八项元素：

1. 这是一件可做到的事情；

2. 必须全神贯注于这件事情；

3. 做这件事时有明确的目标；

4. 追求目标时有即时的反馈；

5. 当毫不牵强地全身心投入行动之中，感到现实生活的忧虑和沮丧一扫而空；

6. 持续体验到乐趣，感觉能自由地控制自己的行动；

7. 进入"忘我"的状态，心流体验过后自我感变得更加满足和强烈；

8. 时间感会发生改变，感觉几小时如同几分钟，或者几分钟像几小时那么久。

在学会了重建心智秩序获得超强算力后，我们再来了解下潜意识。

激活潜意识，获得超级算力

如果想要帮助大脑建立起强大的算力，就要了解大脑意识与潜意识的关系与影响力占比。前面介绍过记忆系统的工作原理、显意识与潜意识的工作模式，解释了它们是如何相互影响、相互作用的。

　　相信很多朋友都听过"冰山理论"：意识如同显露在外的冰山（如图4-2所示），而潜意识如同未看到的水面之下的冰山。显而易见，潜意识占比非常庞大。我们都知道潜意识的潜能巨大，人类的大脑还有很大的潜能尚未被挖掘释放出来。因此，要想拥有强大算力，不只要熟练地运用显意识，更要学会开发和运用潜意识。

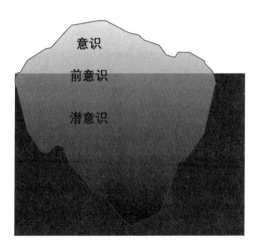

图4-2　冰山下的潜意识

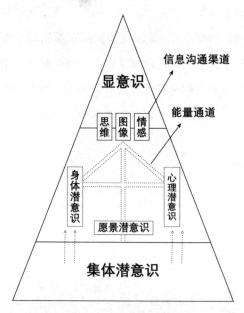

图4-3 潜意识结构图

从图4-3可以看出，显意识是潜意识与外界沟通的平台和渠道，我们需要**把潜意识的信息转换为思维、图像或情感**，才能与外界良好地沟通。然而在日常生活中，并不是每个人都能将内心的所思所想精准清晰地表达出来，绝大多数人发现自己常常是有一肚子的话却倒不出来，话到嘴边却不知从何说起，感觉脑子像一团糨糊。

之所以会有这种情况，是因为潜意识大门并不是随时处于打开的状态。人们会下意识地关闭潜意识大门，这往往是为了保护自己。很多人可能好奇，为什么保护自己会把潜意识大门关闭呢？原因是，潜意识在接受信息时候会全盘接收，不分对错好坏。前面的章节说过,传销组织、诈骗团伙就是利用潜意识这个特点,巧用打开潜意识的方式来影响我们,甚至控制我们。前面也介绍了潜意识学习法:浸泡式学习法与体验式学习法(详情见第1章),可以帮助我们了解快速打开潜意识、运用潜意识的核心方法。除此之外,《U型理论》一书提出了"U空间"和"反空间"(如图4-4所示),可以帮助我们了解潜意识封闭的毁灭机制与潜意识打开的创造机制,以及进入潜意识激活超强算力的具体步骤。

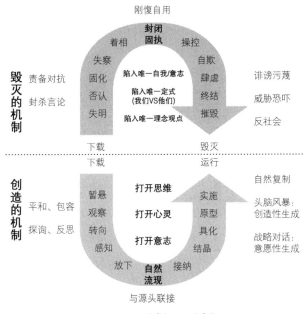

图4-4 U型空间和反空间

首先,我们要尝试打开思维,暂停下载头脑中固有的判断和标签，将它们悬置在一旁；然后尝试打开心灵，通过探讨与反思来补充更多的视角和观点；再尝试打开意志，找到共鸣，达成共识与意愿；最终找出可行性方案，并付诸行动。当我们打开思想、心灵、意志，放下偏见与执念，就能与潜意识的源头打通，体验到自然流现的"心流"，获得潜意识的超强算力。

同时还可以借助觉知之轮，勤加练习第七感的整合能力，这样可以让我们从麻木中醒来，随时根据需要打开潜意识，进入灵感迸发的智慧状态。一旦进入潜意识的智慧状态，灵活自如地运用潜意识的无限潜能，我们就如同开启了魔法宝盒，能够调取意识数据库，善用更高级的算力能量。

开启意识数据库，链接云答案

著名的瑞士心理学家卡尔·荣格观察到普遍存在的象征和原型模式，提出了"集体无意识"的假设。他指出"集体无意识"是潜意识深处人类所有共同经验的集合。然而对我们来说，这其实是一个庞大的人类意识信息库，具有强大的组织模式。而这个数据库涵盖了所有人类意识及相关信息，这意味着它拥有惊人的内在能力，绝非仅仅是一个有待检索的、庞大的信息仓库。这样一个数据库的最大好处在于，不管你检索人类在任何地方、任何时间经历的任何事情，只要你"提问"，它基本都"知道"。

这就是所有超理性或者亚理性信息的起源。不管这些信息是通过直觉还是语言，是占卜还是梦境，甚至仅仅是通过"幸运"猜测得到的。这是天才的源泉，灵感的源头，是包括"预知"在内的能力的根源。稻盛和夫在一次冥思苦想的研发工作中，因为被石蜡绊倒，福至心灵发现了合成新材料的技术；牛顿被苹果砸中，发现了万有引力；凯库勒打瞌睡梦到了一条首尾相连的蛇而惊醒，之后发现了苯的秘密。为什么他们都如此幸运，可以"心想事成"？稻盛和夫指出，当心灵处于纯粹状态时，人就能触及所谓的"宇宙真理"，也就是事物的本质。那如何才能开启意识数据库，获得"心想事成"的能力？

稻盛和夫在书中写道："要想让潜意识在日常工作和生活中为我们所用，就必须进行强烈而持久的思考。也就是说要通过反复思考，使念想渗透至潜意识。"同时，他在《京瓷哲学》一书中指出，"只有彻底究明一事一物，我们才能体悟到真理，才能理解事物的本质。"所谓"彻底究明"，就是全身心投入一件事物上，抓住其中的核心。有了对一事一物探明本质的深刻体验，就可以触类旁通，运用到所有的事物中去。一旦明白了事物的真理，不管做什么，不管身处何种环境，都可以自由、尽情地发挥出自己的力量，而这恰恰是开启意识数据库的秘诀所在。

呆瓜怪的挑战：

本章开篇设计了一套测试题，可以自测一下，来初步识别自己的算力情况，以下章节将带大家来进一步了解。

增广：如何获得"算无遗策"的谋划力

识别过滤，提升自算力

通常状况下，人的算力系统可以分为三种类型：自算力（大脑算力）、他算力（外脑算力）和它算力（云算力）；按处理信息能量流的方向，又可分为洞察力、判断力和决策力；按算力能源的来源还可分为生理算力、情感算力及思维算力，如图4–5所示。

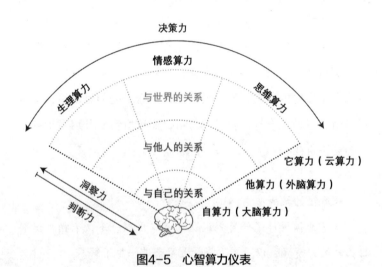

图4-5　心智算力仪表

先从最容易理解的自算力说起。回顾第1章大脑的结构和功能，我们会发现，每个人的心智模式从出生起就有所偏好。每个人都必然带着家族的基因和在母亲肚子里形成的记忆烙印（母亲的生理激素、情绪感受等信息能量流的影响）。同时，我们的大脑一生都在发展，心智一生都有机会升级，所以我们可以通过刻意的培养来优化自己的算力系统，**包括洞察力、判断力和决策力**的提升。

当我们的洞察力出现偏差时，判断力自然会出现误判，从而导致决策力出现失误，甚至导致危机。我们发现职场上80%以上的矛盾都是误会，而80%以上的误会来自沟通问题。上下级、同事间、部门间"沟而不通"的现象普遍存在。很多人觉得："我说了呀，我说得够清楚了，他们就是不配合我呀。"事实上，很多人把表达当成沟通，以为说了就算沟通了。二者的区别是表达是单向的，沟通是双向的。单向的表达背后关注的是"我"，对外是封闭的，缺少对外界的洞察和信息的补充修正；而双向的沟通背后关注的是"我们"，保持着开放的心态，能洞察到对方的关注点和状态，也能将自己掌握的信息进行迭代焕新。

精准敏锐的洞察力是沟通和决策的基础，要想进行有效的沟通和准确的决策，我们需要了解一下沟通中常会发生的三大过滤机制：**删减、扭曲、类推**。

我们先来看删减。据估计，我们通过自己的感官每秒钟能接收几百万比特信息，然而，我们有意识的大脑每秒钟只能处理126比特信息（《心流》作者米哈里·契克森米哈教授的理论中提出，我们理解别人说话的速度是每秒钟40比特信息）。从某种意义上来说，删减信息有助于集中精力，比如专注于特定的任务，避免想着去刷抖音等。但同时删减也意味着可能会错过某些重要的信息，比如当领导布置一个重要任务时，可能你还在思考前面他说的话什么意思，只是下意识地做了回应，并没注意到他当下正在强调的事情；再比如家中的电线破损，但你忙于工作并未发现，结果可能会引发火灾等。只有当我们意识到自己在删减某些信息时，才能去补充信息或者加强对潜在重要的信息的有意关注，保持敏锐和精准的洞察力。

除了删减，我们还会扭曲信息。对此，你可能不太愿意接受，因为我们都倾向于相信我们看到的是对的、听到的是真的。但事实是，我们总是会倾向于看到我们"想看"的信息，听到我们"愿意听"的内容。当我们推定或解释信息的时候，会下意识地给这件事贴上"标签"。例如，当你的下属没有完成你布置的工作，你可能会想，这意味着什么呢？可能她只是给忘记了，但是你却忍不住想："她故意拖沓，不服从工作安排，故意跟我对着干！"虽然这些猜想可能是对的，但绝大多数的猜想是未经验证的、自导自演的小电影。而这些未经验证的假设会造成很多误解，如果没有及时与对方确认，误解会越积越多，从而产生很深的隔阂，甚至引发纷争。这种误解不但发生在人与人之间、家庭与家庭之间，企业甚至国家之间的分歧与偏见也都是如此积累而成。

再来看下类推，是指当我们接收的信息量比较少时，会把同样的假设泛化，归纳成通用的结论，即把个别性结论扩大为一般性结论。比如，还是那个刚刚被下属拒绝配合工作的你，又遇到另一个同事工作疏忽，忘记了配合你的工作。虽然可能恰好他真的很忙，但你可能就会把类似的小电影在大脑里再演一次。于是得出结论："大家都故意跟我对着干，他们就是想要排挤我，就是因为我是空降的领导，肯定是觉得我威胁到了他们的利益。"

当我们了解了扭曲和类推是不可避免且频繁在发生的，就能提醒自己尽可能去多角度地了解信息，避免妄下结论。只有尽可能地保持客观，才能得出更准确的判断，做出更明智恰当的决定。那么如何减少这种沟通误会呢？这里给大家提供一个"三次握手"法，源自通信中的TCP协议，如图4-6所示。

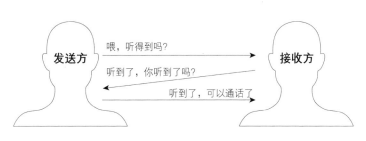

图4-6　TCP三次握手

"三次握手"法的出现主要是为了应对通信传输时的丢包现象，尤其通信领域发展的早期，线路不稳定，经常发生通信中断或信息丢失的"丢包"现象。因此为了防止传输重要信息时的失真，需要在每次开始通信时，先确认通信状态是否畅通。我们可以用"三次握手"法避免沟通中的信息偏差。比如当你准备布置一个很重要的工作，可以先和对方确认，"我有个重要的工作要和大家沟通，现在方便沟通吗？"当对方回应可以沟通的时候，代表对方收到了你的提醒，也会下意识地调整好自己的状态。但这样还不够，你可以在结束后再次和对方确认："因为这个工作很重要，你能总结下刚才咱们讨论的内容吗？"如果对方能够把你安排的工作表述清楚，这代表对方确实准确地理解了你的信息。

用这个方法之后，很多人会发现，曾经以为自己"表达清楚"了，对方"应该听懂"了；检验后才发现，现实情况是对方根本没听懂，自己可能并未表达清楚。更多的时候只是我们"以为"自己表达清楚了，对方也"以为"自己听明白了。

除了沟通的过滤机制，影响沟通效果的还有五大因素：**价值观、信念、语言、元程序**（深层过滤机制）**、态度与经验**。首先，每个人都有自己独特的价值观，比如你觉得工作按时上下班就是敬业，其他人可能觉得每天加班到深夜才算工作努力。其次，不同人的信念不一样，比如有的销售员会相信本公司的产品就是最好的，也有些销售员觉得本公司的产品没有别家的好，然而当跳槽到那家公司又会觉得，这家公司的产品也存在一堆问题。那些选择相信公司的销售员，总是能很好地把产品销售给需要的客户，哪怕客户对产品不满意，也能提供更好的服务来让客户满意；而另一种销售员则认为是自己遇到的产品和公司有问题，所以销售不出去是因为公司和产品的问题。

不只价值观、信念会让我们看到不同的世界，不同的语气、语调也会产生天壤之别的结果。用积极乐观的语气与充满挑衅的语气表述同一句话，听起来可能也会是完全相反的意思。比如哪怕妈妈很在意她的孩子，希望他能够成才，但如果用挖苦的话指责孩子，便可能造成孩子的伤害、引发孩子的仇恨。

元程序倾向于决定我们的思维方式，可以称之为"深层过滤机制"。在神经语言程序（Neuro-Linguistic Programming，简称"NLP"）领域，有大约15～20个主要的深层过滤机制。比如遇到危险时，有的人下意识就会跑掉，有的人浑身僵硬、瘫软，也有的人明明很害怕却像个勇士一样冲上前去。这些都是我们深层的"元程序"。

除此之外，态度和经验是我们比较熟悉的。一个人的态度决定了他的行为，不同行为会导致不同的结果；而经验会在一定程度上影响他的认知和信念，反过来也会因为成功而产生路径依赖，从而被限制。比如老一辈的企业家觉得做生意就要先请客吃饭、喝酒，好像不喝酒就没法谈生意，而年轻人却很讨厌通过拼酒来谈业务。老一辈之所以有这样的习惯，是因为在他们的那个年代确实需要通过靠喝酒应酬才能拿下订单，于是这种成功的经验如今反而成了限制他们发展的枷锁。

之前的章节里提到过外显记忆和内隐记忆，与之对应的是显意识和潜意识。潜意识受内隐记忆的影响和控制，显意识是生成和改变外显记忆。同时，内隐记忆是可以通过显意识识别后，调取到外显记忆，来修复和调整的。比如，曾经我在给一个企业做顾问时，遇到一个员工和高管发生冲突的案例。经过了解，原因是那位高管比较凶，这位员工说每次被她凶就忍不住紧张、惊慌，下意识地就跟她怼起来了，说着说着就忍不住哭了。询问后我发现，这个员工的爸爸是当兵的，从小就对她很凶，所以她每次遇到凶的人就会控制不住地紧张，而且忍不住要对抗。当我引导她看到这点之后，她才意识到原来她怕的是这种感觉，而这种感觉其实源自小时候的记忆。其实她对抗的不是这个高管，而是记忆烙印带给自己的压迫感。当她意识到这一点，知道自己在对抗什么，那么以后就能学着调整自己来区分现实：自己已经长大了，自己是安全的，别人说话很凶不代表自己有危险。

人们回避痛苦感受的方式通常可以划分为五个基本类型：情景性回避、认知性回避、保护性回避、身体性回避和替代性回避。现实生活中，人们往往同时利用两三种回避方式来减轻痛苦情绪。在上述例子中，影响她的其实是她的内隐记忆：她爸爸对她很凶的场景和感觉。所以每当类似的情况出现，她的潜意识就调出了小时候的感觉和行为模式，来"保护"自己，回避痛苦情景的再现。

举这些例子是想让大家明白，我们的内在模式往往能够直接影响我们的决策，但只要我们的"第七感"（元认知）觉醒，这些阻碍我们洞察力的干扰算法（bug）就能被识别出来，并进行修复和改变。心理学上将这些"bug"称为认知偏差，当我们能够识别出自己的"bug算法"时，就能有针对性地进行修复和升级。久而久之，洞察力、判断力和决策力自然就能获得大幅的提升。

组建智库，增强他算力

定位理论创始人，被誉为"定位之父"的杰克·特劳特在《定位》一书中曾指出：许多有抱负的聪明人发现自己前途迷茫时，常常想着用长时间的艰苦工作来扭转局面，这是一种错误的选择。一个人很难纯粹从自己身上找到名利之路。确保成功的最佳途径，是找一匹马骑。他还指出第一匹马是你所在的公司，第二匹马是老板，第三匹马是朋友，第四匹马是想法，第五匹马是信心，第六匹马是自己。特劳特认为，完全靠自己在商业或生活上获得成功虽然可能，但是并非易事。

其实人类的社会化属性决定了每个人都不可避免地要活在社会之中，因此学会合作比竞争更加重要。正如特劳特所说，在赛马场最好的骑师赢不了比赛，赢得比赛的骑师通常是所骑的马最好的那位。对此我也深有感触，在做咨询的过程中，我遇到过很多年轻人掉入了"优秀"的误区。我称之为"优秀的陷阱"，即很多年轻人以为"自己优秀"才是最核心的成功因素，甚至觉得这是成功的唯一途径，于是内在会变得敏感而脆弱，因为很难接受别人比自己优秀。但现实却是"人外有人，天外有天"；一旦他们发现比自己更优秀的人比比皆是，就会心生嫉妒或者干脆自卑怯懦。一旦发现自己"优秀"这个优势没了，就会迷失方向，自我质疑，甚至彻底失去动力。职场上有个现象很普遍：有些基层员工在基层工作时很优秀，但被提拔到了管理层反而适应不了，结果迷失了自我，甚至挫败到离职。

当然并不是说个人能力和优秀不重要，这些是最基础的能力。然而和懂得欣赏别人、团结可以团结的人、善用可以调动的人和资源相比，自己优秀其实就没那么重要了。

如果我们去看那些成功人士的成长与发展历程，会发现他们有一个惊人的相似之处，就是关键时刻都有贵人相助。如果不是因为一位中学老师的坚持，日本"经营之神"恐怕就只有初中学历了；如果没有耶鲁大学首席投资官斯文森，就没有今天的张磊，更不可能创立今天的高瓴集团。特劳特也指出，如果读一读成功人士的传记，你会惊讶地发现有很多人是紧跟别人后面爬上成功阶梯的，从一开始做微不足道的工作，到最后成为大公司的总裁或首席执行官。然而现实社会中，年轻人有个普遍的误区："凡事都应该靠自己，应该去做大事。"其实恰恰相反，"我们更应该从小事做起，从服务别人、支持别人开始"，有时跟对人比做对事还重要。

中国类似的老话，"三个臭皮匠，顶一个诸葛亮""一个好汉三个帮""众人拾柴火焰高"等，都足以看出懂得珍惜和经营自己朋友圈是多么的重要。只有懂得善待身边的人，知道自己的能力和能量非常有限的人，懂得去求助的人，才能获得贵人相助，从而一帆风顺。正如古代达官贵族都有自己的谋士，如今的企业家和成功人士也都会为自己建立智囊团或者良师益友的圈子。他们可以在自己遇到瓶颈或困惑时，答疑解惑和鼎力支持。而很多人越是失败越是自以为是，生怕别人看低自己，这其实恰恰是算力不够的体现。如今信息与知识的获取如此便捷，学习变得很容易。然而不是有了知识就是知识分子，也不是掌握了技能就能把事做成。一个人只有把人做好了，才能把事做好。如果做人做到没有朋友或众叛亲离，哪怕学富五车、才华横溢，也无法获得事业与人生的成功与幸福。

每个人都可以组建自己的外脑智囊团，有意识地给自己配置一些外脑资源。比如外部的伙伴或团队，他们提供的脑力资源、物理资源、信息资源、情感资源等都构成了我们的外脑算力。物理资源比如财富和硬件支持，信息资源比如知识或情报，情感资源比如人脉资源等。智囊团可以帮助我们在大脑智慧配置不够、资源不足的情况下，给予外部支持与补给。当然也要注意，如果我们找错了人，就像给自己找一面哈哈镜，不但不会帮自己，甚至会害了自己。所以要学会识别哪些人可以给我们倍增算力，哪些人只会给我们带来干扰。果断远离那些给我们造成干扰甚至困扰的人，珍惜那些可以帮我们倍增算力的良师益友。

外部资源，拓展它算力

随着世界发展的速度越来越快，要思考的问题、决策的事情、处理的数据越来越多，光靠人脑的算力未必能满足我们的需求。这时我们还可以借助高科技的云算力等来帮我们补足算力。

这里的云算力不仅仅是指计算机等的智能算力，更包括了我们可以善用的各种资源。比如前面特劳特提到的第一匹马：你所在的公司就属于一种云算力资源。如果你选择加入一家注定会失败的公司，那么无论你多么优秀也都无济于事，要知道很多事光凭一己之力是无法成功的。如果你的公司没有出路，你应该换一家公司，你应该押宝于成长型行业。同时需要注意的是，如果你在一个优秀的平台取得了成功，也要清醒地认识到这并不代表你有多优秀——所有的成绩可能是平台势能带来的必然结果。虽然明白这点让人无法接受，但我们还是应该理性面对这个事实。越是优秀的公司中，越是任何人都能被替代，而且任何人的成功都是平台的资源与团队的协作共同助推的结果，如果以为自己非常厉害，那就很危险了。很多年轻人在大公司工作得如鱼得水，取得了很多成绩就飘了，觉得自己很优秀、什么事都能搞定，干脆自己当老板吧。结果做了老板才发现，自己什么都不懂，之前的自己是多么的幼稚。

除了公司、资源之外，我们还要懂得善用工具。如今科技高速发展，电脑、手机的功能都已越来越强大，甚至有了各种智能化设备，连脑机接口都开始投入应用了。网络存储空间也越来越大，我们可以把大脑想不清楚的事物用各种电子软件来协助记录、分析和计算，也可以把大脑记不住的东西通过硬盘、云盘等工具来存储。

那些懂得善用外部资源、高科技技术工具的人，有时候甚至能领先别人一个时代。而拒绝接受新技术、新工具的人可能会寸步难行。正如疫情防控期间，如果没有防疫码恐怕连自己家的小区都进不去。如果不想被淘汰、保持竞争力，就要对新技术保持敏锐和开放的态度。当我们开始珍惜身边的人与资源，有能力识别身边的人脉与资源的真正价值时，就开启了潜在庞大的决策系统。

分解：如何建立"无尽成长"的学习力

　　如今的社会已经是学习型社会，学习力已经成为每个人、每个企业乃至每个国家的核心竞争力。如何才能拥有高效的学习力？下面的内容会带大家了解我们人类的学习能力是如何获得的，并帮助大家掌握学习的规律，获得智慧学习的方法。

生理模式与洞察力

　　算力系统从功能上可以分为洞察力、判断力与决策力，从来源上则分为生理算力、情感算力和思维算力（精神算力）。神经元、各功能器官和身体机能给我们提供了源源不断的生理资源，生理算力就是如何配置这些资源来实现某个目标，比如健身或学习某项体育能力，就是重新调动、分配和强化某部分生理技能。再比如如何更快地学会它，如何在球场上取得更好的表现，或如何在近身搏斗中打败对手，都是需要根据自己的生理资源来制定方案的。同样，情感算力就是如何配置我们的情绪资源，让每种情绪的特点和优势为我所用，而不是总是被它所控，也就是我们常说的"情商"。比如演讲家、演员或企业家，都是通过适时、巧妙地调动情绪感染或打动他人，来赢得观众、员工或合作伙伴的心。越是高明的演员，越能自如地

147

调配自己的情绪资源。但情商不仅仅是表演或假装，它也需要能将"半真半假"的情绪与内在自我深度整合。思维算力最容易理解，就是对信息、知识、记忆等智元资源的配置能力，亦即"智商"。认知和学习就是不断增加新智元资源，和不断优化智元资源调配效率的过程。比如同一种类型的题，过去我用旧方法花了几小时才解出来，后来运用新方法只需几分钟，甚至几秒钟，大大提升了工作效率。生理算力、情感算力、思维算力构成了每个人的算力资源，成为"智慧"的基本配置。而且这三种算力之间也彼此影响，相互依存。

本能脑主导的"本我"，直接控制着我们的生理机能；情绪脑主导的"自我"，左右着我们的情感模式；理智脑主导的"超我"则决定着我们的精神与思维模式。当通过第七感整合三种"我"，就能获得超强的洞察力、判断力和决策力。反之，则会发生身、心、灵的内耗，内在"被"搅得心神不宁、疲惫麻木。回顾第1章的内容，我们发现，身体军团的天赋在于简单落地，情感军团的优点是灵敏易感，精神军团则能够高瞻远瞩、清晰缜密。

谈到洞察力，很多人首先会忽略身体感官带给我们的智慧与能量：眼、耳、鼻、舌、身如同身体智能的传感器，源源不断地把信息能量流收集并传递给大脑，并将内在的信息能量流对外传递。然而我们的身体军团因为简单直接，常常只负责捕捉并传递信息，不会去管信息能量流里传递的内容是好还是坏，是对还是错。因此需要情绪脑和理智脑参与感受和加工处理这些信息。

眼、耳、鼻、舌、身、意让每个人有了七情六欲，那么七情六欲有何价值呢？人是该被七情六欲所左右，为其奋斗一生；还是成为七情六欲的主人，善用它们实现梦想、成就价值？接下来我们就来研究下善用七情六欲的方法。

虽然七情六欲人人都有，但每个人遗传到的基因先天有差异。有的人天生视觉更加敏锐，有的人听觉更加灵敏，有的人肢体灵活度更高，也有的人天生味蕾比较发达。每个人捕捉信息的习惯和偏好不一样，这就决定了每个人获取信息的通道和学习效率是不同的。

根据感官特点，我们通常用到的是五大感觉：**视觉**、**听觉**、**体觉**、**嗅觉**、**味觉**。其中视觉主要负责收集视觉信息，如大小、形状、色彩、明暗、运动、文字、符号、表情等信息。听觉负责收集声音信息，如音高、强弱、音色、声音内容、声音情绪等信息。体觉负责收集触觉信息，如软硬、粗细、平整、温度、质感等信息。

有趣的是，通过大量观察分析后我发现，天生视觉敏锐的人相对性子安静，喜欢观察，甚至能快速分辨出尺寸和差异。对电影画质等优劣比较敏锐，甚至对画面观感要求比较高，沟通时则更喜欢看着对方交流。天生听觉敏锐的朋友，会对声音的捕捉更加精细高效，偏好声音信息的交流与声音感受的传递。我曾经有个同事属于超级听觉型，被大家称为"超级复读机"。因为她对声音极其敏锐，只要她听过的课，都能快速掌握并组织成自己的语言讲出来，而且非常喜欢和人交流，拉着人聊天一聊就是大半天。如果留心观察，你会发现很多听觉型的人都喜欢煲电话粥，有的从小就爱讲话，讲起话根本停不下来。甚至很多人，能打电话就坚决不打字，沟通时就希望听到对方的声音。另外，还有一些体觉敏锐度高的人，从小像个爱动的猴子，甚至被父母、老师认为是多动症，好像一刻都停不下来。但是如果仔细观察，你会发现他们擅长肢体运动，对各类运动项目的学习都比较快，身体的灵活性也比较好。除了前面三大感官外，也有人嗅觉、味觉非常灵敏，闻到味道就能识别出有什么材质，吃东西尝两口就知道放了哪些调料。

不同的感官灵敏度和偏好决定了我们的优势学习管道和情绪管理渠道的不同。我曾经帮助过初中生识别、并有意善用自己的优势管道，来调节情绪和高效学习。结果仅通过一次咨询，半个月后接到孩子家人的电话，向我报喜说孩子的成绩从班级倒数跃至年级排行榜的前二十。

所以当我们越了解自己，就越能善用身体，有效地提升洞察力、沟通效果以及学习效率。同时，我们可以有意识地管理五大感官，来抵御诱惑，屏蔽干扰。当我们的生理机能更加健康，整合得更加和谐时，精力就会更加旺盛，思维也能更加活跃。当我们的感官收集感官能量信息流越精确、敏锐时，我们就能拥有更精准的判断素材和更高效的判断效率。当遭遇肉体或精神上的挑战时，才能有更多的体力和能量去抵御挫折、拒绝诱惑。而这些恰恰帮助我们建立起了面对逆境的生存能力，也就是我们常说的"逆商"。

前面提到，身体军团只负责信息能量流的捕捉与传递，不做好坏优劣的筛选，需要通过"意"与情绪脑、理智脑协作来判断与决策。那么这些感官在收集和传递信息时的偏误是怎么产生的呢？比如，有的听觉型的孩子为什么明明知道学习重要，也擅长捕捉听觉信息，但却做不到集中注意力听讲？再比如，有的视觉型的员工明明有视觉优势，为什么却什么问题也发现不了？要想了解这些，就需要弄明白我们的大脑在情感军团与理智军团操控下的工作模式。

情感模式与判断力

我们的身体通过五大感觉的生理模式接收和传递信息能量流。因此我们能够一面收集信息和能量，一面对外表达感受与想法。但是感官系统只负责原原本本地传输，而大脑的记忆空间是有限的，无法真的全部接收、存储、处理或表达这些海量的信息。

于是大脑为了让判断和决策的成本降低，情感军团就上任了，而且带着它的核心干将"**注意力**"。它们会帮我们"调焦"，去协助大脑分析信息和能量流，识别被大脑判定为"重要"的信息能量流，并"过滤"那些被判定为"无关"和"不重要"的部分。经过"调焦"会过滤掉一大批我们不需要的信息能量流，这个过程也就是注意力的启动时刻。当注意力开始掌控全局，我们只会专注于感兴趣的信息能量流，而自动屏蔽那些被我们判定为干扰的信息能量流。来玩个心理学上常见的小游戏，看看这两幅图，你能看出第一幅中的两个灰色的圆圈一样大吗？你能看出第二幅中的两条横线其实一样长吗？如图4-7所示。

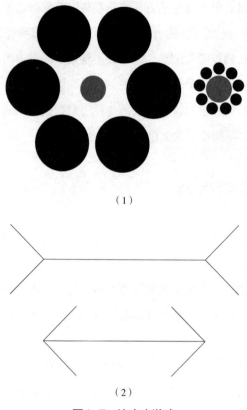

（1）

（2）

图4-7　比大小游戏

你会发现，"眼见为实"未必是对的，我们的眼睛很可能会欺骗我们。虽然原本这样是为了让我们的大脑免受干扰，但同时也会因为"注意力"的放大效应而自然而然地产生偏差与误解，或偏见与误判，从而错失良机。

除了预判过滤信息外，我们的情感军团还擅长"添油加醋"地进行"放大"或"削弱"。当我们情绪高涨时，看到玩闹的孩子，可能会觉得他们好可爱；然而同样的情景，如果赶上我们情绪崩溃时，可能会觉得他们真是烦透了。再比如，孕妇总能发现身边很多人也都怀孕了，而有孩子的家长也很容易发现周围朋友家或邻居家，有个跟自己孩子年龄差不多的娃。其实这些怀孕的孕妇以及小朋友一直都有，只是怀孕、生娃前并不关注，认为与自己"无关"，这些信息也就显得一点都"不重要"，被过滤掉了而已。

这样的事情不只发生在日常生活中，在工作中、创业时更加地明显。一个喜欢自己公司产品的员工，下意识地会觉得大家应该都需要。大部分创业者也习惯于把自己的需求当成市场的需求，认为自己的创业项目绝对有价值，是别人都没发现的好项目。

由此可见，我们情感大脑的日常工作就是盲人摸象的过程，注意力注定会带着我们预设的立场与视角，不可能完全全面与客观地收集所有的信息能量流。这在很大程度上决定了我们看问题的角度，甚至决定了可能得到的结论，常常只是自圆其说。而这也恰恰反映出一个人的情商，情商高的人会变换不同的立场思考问题、切换不同的视角来感受，甚至可以跳出自己的立场来观察自己的立场、观察自己的感受和观察自己的观察，这也就是我们之前说到的第七感。

事实上，我们每个人都会在五大感觉及意识层面有自己的偏好，这无法完全避免。当我们真正了解并善用好这一点，才可以生长出自己的第七感。从而尝试多角度收集信息、多维度思考问题，才可能更加客观地对待我们收集到的信息和能量流，从而拥有系统思维的能力，洞见事物的本质与世界的全貌。比如，虽然我们会认为四川人更能吃辣，南方人更喜欢加糖；北方人喜欢吃面食，南方人喜欢吃米饭，但也知道总会有例外。所以看到四川人，不会固执地认为他们一定爱吃辣，看到南方人也不会认为他一定喜欢吃米饭。当我们营销自己公司的产品时，也能更加客观地看待自己公司的不足和价值。对于创业者来说，也就会明白自己的点子或许不错，然而并非其他人都会遇到类似的问题；即使遇到同样的问题，也未必会认为这个解决方案一定是最好的选择，会通过市场来调研和检验自己的想法。因此每个人的情感模式决定了其客观和准确程度，决定了有的人情商总是很高，而有的人似乎总是情商不在线。

思维模式与决策力

前面的章节分享过，我们的本能脑和情绪脑虽然行动迅速，但对于解决复杂的问题常常毫无能力，而我们的理智脑则非常擅长。只是本能脑和情绪脑常常行动迅速，提前抢走了主控权。当我们第七感的自我觉察能力越来越强时，就能夺回控制权，从失控的状态恢复。那我们的理智脑通常是如何来处理这些复杂问题的呢？

这就不得不提到一个人——多元智能理论的创始人、哈佛大学教育研究生院心理学和教育学教授霍华德·加德纳。他不但自己曾获世界各国二十多所大学的心理学、教育学、音乐学、法学、文学博士学位，还被誉为"推动美国教育改革的首席科学家"。加德纳教授通过对人的心理和思维的深度研究，发现虽然风靡一时的IQ测试被纳入录取学生的入学考试，但只是通过语言和数学两部分来判断人的智能过于武断。他对此产生了质疑，因为他发现对于那些象棋大师、小提琴家、体育世界冠军等，IQ智力测试无法测试出来，也无法解释其他很多人类杰出的表现。因此，他提出了"多元智能"理论，他认为人类具有的智能，是一种生物心理潜能，是解决问题或创造产品的能力。经过深入的研究、调研与测量，加德纳教授最终确定了影响我们思维方式的八大核心智能：语言智能、逻辑智能、音乐智能、空间智能、运动智能、人际智能、自然智能、内省智能，如图4-8所示。

图4-8　八大智能

语言智能：指阅读、书写、演说、倾听和交流等，能够有效地运用文字或口头语言来表达自己的思想，并能够理解他人。擅长语音、语义、语法，而且具备言语的思维，欣赏语言深层内涵，能够把这些能力结合在一起并运用自如。

逻辑智能：指计算、测量、推理、归纳、分类，进行复杂数学运算的能力。这项智能包括对逻辑的方式和关系、陈述和主张、功能及其他相关抽象概念的敏感性，如识数、推理因果关系等。

音乐智能：指对节奏、音调、旋律或音色的敏感性强，具有较高的表演、创作及思考音乐的能力。比如有些音乐天才，不管什么曲子，听一遍就能弹出来。

空间智能：指对色彩、线条、形状、形式、空间关系的敏感性强。能够准确感知视觉空间及周围一切事物，并能以图画的形式表现出来。空间智能强的人，走到哪里都能瞬间识别出方向，陌生的地方去一次就能记住路。

运动智能：指运用整个身体来表达思想和情感、灵巧地运用双手制作或操作物体的能力，包括特殊的身体技巧，如平衡、协调、敏捷、力量、弹性、速度以及其他触觉能力。运动智能强的人会很擅长各项运动，掌握得很快。

人际智能：指理解别人和与人交往的能力，能够察觉他人的情绪、情感，辨别不同人际关系的暗示，以及对这些暗示做出适当反应。人际智能强的人很容易分辨不同类型的人，区分他们的特质与情绪。

自然智能：指对自然界中的万物进行辨别和分类的能力。

自然智能强的人有着强烈的好奇心、求知欲和敏锐的观察力，能了解各种事物的细微差别。他们会对动植物等充满兴趣，而且察言观色的能力很强。

　　内省智能：指善于认识自我，并据此做出适当行为的能力。能够认识自己的长处和短处，意识到自己的内在爱好、情绪、意向、脾气和自尊，喜欢独立思考。内省智能强的孩子很小的时候就能自己觉察自己的行为和错误，为自己的错误而内疚自责。

　　这八项智能人人都有，只是每个人的天赋区不同。早在2007年，我就接触过测试八大智能排序的工具，也在做亲子咨询的时候大量测试过。事实证明，我们可以通过八大智能的排序快速了解自己的思维特质。这对孩子尤其意义重大，因为八大智能都是可以提升的，而且会在不同的敏感期阶段打开不同的提升大门。

　　虽然八大智能对我们的成长与发展至关重要，但它并不是就完全代表"智商"，而是帮我们更深入地了解大脑的运作模式。我们的思维与认知是遵循一些规律的，会模式化地分析和运算。每个人必然有自己擅长的优势智能和不擅长的弱势智能。

　　除了多元智能论，加拿大多伦多大学人类发展与应用心理学教授基思·斯坦诺维奇还将人类的认知能力划分为三重心智：自主心智、算法心智、反省心智。**自主心智**同时受到进化和内隐学习的影响，比如看到蛇就会害怕，或者学会骑自行车后无须思考就能骑。**算法心智**就是传统意义上的智商，比如记忆、处理速度和逻辑推理等，以上的八大智能中大多属于这一类。**反省心智**是对人类心智过程进行监控，帮助执行决策与判断的能力，如"第七感"（元认知）。

要想拥有敏锐的洞察力、清晰的判断力和高效的决策力，就需要掌握一些心智模型识别工具。我个人常常借助的工具，比如结合"八大智能"和"五大感觉"，帮助学生给心智"照个镜子"，识别出自身的特点。然后运用这些特点与他们沟通并因材施教，快速找到适合他们的自我提升与情绪管理技巧。而对于成年人，我曾采用"九型人格"和"盖洛普优势识别器"，帮助他们了解自己的"自主心智"模式、"算法心智"模式，从而建立"反省心智"模式。

我们的行为与结果，往往都是由这些思维模式所决定的。只有了解并善用优势智能，同时为弱势智能准备好预案，才能游刃有余地施展才华，实现自己的价值。

运用算力罗盘，获得持续成长的算力

1946年，美国缅因州贝瑟尔国家培训实验室研究发现，不同的学习方式带来的学习效果是有很大差异的，而且有规律可循。也就是由美国学习专家爱德加·戴尔提出的著名的"学习金字塔"。他把学习分为被动学习与主动学习，他发现学习效果在30%以下的几种传统方式，都是个人学习、被动学习；而学习效果在50%以上的，都是团队学习、主动学习与参与式学习，如图4-9所示。

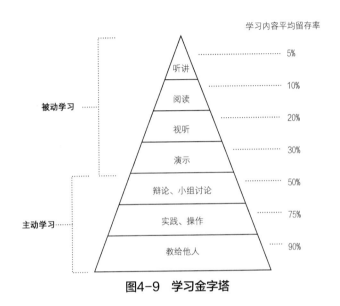

图4-9　学习金字塔

只用耳朵听授，知识保留5%；用眼去阅读，知识保留10%；视听结合，知识保留20%；用演示的方法，知识保留30%；分组讨论法，知识保留50%；练习、操作、实践，知识保留75%；向别人讲授，快速使用，知识保留90%。

其中主动学习时，潜意识都会悄悄地打开，潜移默化地参与其中。这就是为什么主动学习的效率更高，效果更好、更持久。

《认知觉醒》一书的作者分享了自己运用学习金字塔的体会，并提出了深层学习与浅层学习的区别：必须动用已有的知识去解释新知识，完成新老知识间的"缝接"，只有经过"缝接"的学习才是完整的、深入的。同时他给出了深度学习的三个步骤：获取高质量的知识；深度缝接新知识；输出成果去教授。这也是著名的"费曼学习法"的核心所在。

了解完主动学习的重要性，我们再来看看学习力或洞察力的成长规律。洞察力是由内而外层层穿透的。当我们处于心智的第一个时期——自我期时，对生理模式、情感模式、思维模式等的洞察从麻木到有所察觉，而后完成自我接纳，对内的洞察力获得大幅的提升。

当进入心智的第二个时期——开放期时，我们就能对他人的行为模式、情感模式、思维模式从麻木无感到有所觉察，而后完成对他人的接纳，这时洞察力就能穿透自我的禁锢与偏差，洞见客观的人性。

当进入心智的第三个时期——融合期时，我们就能建立起系统的洞察力，对万物的物理规律、能量变化、发展规律从麻木无感到有所觉察，而后完成融合获得洞察万物的能力。正如南怀瑾接受《U型理论》作者奥托·夏莫采访时指出的，世界上只有一个问题，就是物质和心智的重新整合。

奥托·夏莫还指出所有变革的一般规律，如图4-10所示：基于两个轴向，横轴从"认知"到"行为"，从感知与认知开始，努力做到行动与实现；纵轴表示变革的不同层次，由最表层的"反应"开始，直至通道最深层的"重生"，5个层次分别为**反应、重组、重设、重构、重生**。

面对挑战，我们从简单的直接反应开始；然后重组关注点，于是有机会看清当前的事实；然后扩展多个角度，了解更多的见解，重设立场；进而能抓住深层次的基本前提，与外界达成共识；当我们开始与本源连接，就能重构能量与算力。于是开始将目标转化为共同的实践，创造出新的思想和原则，接着建立新的做事路径和流程，最后创造出新的结构与实践体验，我们的心智算法也由此完成更新与重生。

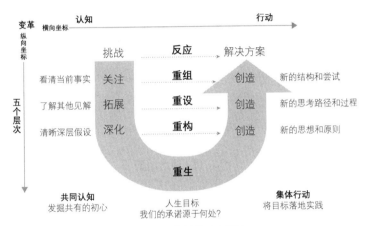

图4-10　变革的5个层次

了解了心智算力是有成长规律，和螺旋式上升的潜力和希望的，接下来我们看看如何用心智算力罗盘来盘点自我或他人的算力情况，并找到提升算力的具体方法。

可以根据下图4-11、4-12来盘点自算力、他算力和它算力内外三环中，物理算力、情感算力和精神算力三个维度的资源情况，对自身的价值、智囊团和环境资源有更清晰的认识。

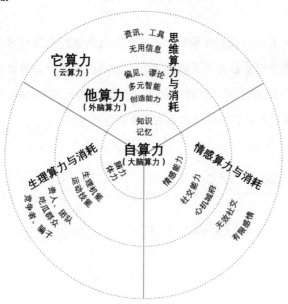

图4-11 算力地图

图4-12 算力罗盘

第一步，列出需要解决的问题，以及问题的核心阻力。例如：工作压力太大，核心阻力是效率太低、时间不够用。

第二步，先从自己开始盘点，列出3种以上可用来解决问题的生理算力资源。例如：照顾好身体，保持高效的状态；调整作息时间，以便挤出时间；采用番茄时间管理法，顺应身体的规律。然后列出3种以上可以提高情感算力的方法和资源。例如：借助自己某个感官的优势，提高效率和解压，如视觉型可以用各种颜色的笔写写画画，听觉型可以找朋友聊天……从而管理情绪、调整状态。另外，列出3种以上用来提高思维算力的方法。例如：借用一些高效的思维模型，如用"学习金字塔"来设计学习模式，提高学习效率。

第三步，从自己内在转移到社交圈，列出3条以上可以帮助解决问题的智囊团算力资源。同样也从生理算力、情感算力、思维算力等方面来盘点。例如：能够帮我分担工作的同事，能够支持我、陪伴我的亲朋好友，能够给我补充解决问题思路点子的贵人等。

第四步，从社交圈转移到外部资源，列出3种以上可以帮助提高算力的工具或资源。同样，也可以从物理算力（或机器算力）、情感算力、思维算力三个方面着手。例如：帮我们提高效率、存储资料的计算机，帮我们激活灵感的花花草草或食品等，帮我们规范行为的制度，帮我们提高认知的书本、课程等外部算力资源。最后需要说明的是，算力系统也是可以持续迭代、升级的。

我们可以结合心智算法罗盘盘点下华为是如何学习的。在看《华为学习之法》这本书时，我惊叹于任正非的学习智慧，同时也印证了我设计的心智算法罗盘的可行性。华为学习西方企业管理体系；邀请金一南教授三次为华为授课；集体观看军事影视作品，甚至在上下班的班车上播放《亮剑》，来做沉浸式潜意识学习。

不仅如此，华为还向市场学习，通过参加招投标的机会向对手学习；向客户学习，通过高端客户的"苛刻"要求作为学习的"指挥棒"指导提升的方向；向建筑学习，借由向埃及金字塔4000多年的大麻绳学习，任正非开创了对立统一的矛盾管理法，形成了华为"拧麻花"的独特组织结构；向动物学习，通过向大雁学习，华为创建了COO、CEO、董事长轮值制；向植物学习，通过向大树学习扎根下去，与环境融为一体，华为决定在一个行业纵深发展到极致，向下扎到根，向上捅破天；向数理求解，借由向热力学第二定律"熵增定律""耗散定律"学习，华为诞生了"一杯咖啡吸收宇宙能量"，通过内部轮岗和始终对外学习吸收的方式，让华为向死而生；学习文史哲，通过观看《大秦帝国》，鼓励华为人争当民族复兴先锋，并提醒华为人伟大的背后都是苦难以及始终要有"冬天"的心态，时刻抱有强烈的危机意识。

由此可见，华为善用了各类内外算力资源，形成了源源不断的强大综合算力。这是我们学习的榜样。

迷糊怪的挑战：

用算力罗盘梳理下有哪些算力资源可以为我所用。

第5章
"做成功"的控力系统

- 闯关地图：

  启动区、增广区、技巧区

- 通关任务：

  1. 熟悉启动区、增广区、技巧区

  2. 打败无力怪、熵增怪

- 本关装备：

  心智控力仪表、控力罗盘、控力地图

  番茄工作法、九点领导力、马斯洛需求模型、

  NLP思维逻辑层次模型、10+10+10旁观思维模

  型、SMART原则、黄金圈思维法则、5W2H分

  析法、PDCA循环

- 通关心法：

  自卑挫败的人和持续成功的人，最大的区别在于

  做事时是否启动了认知察觉，是"下意识的"行

  为反应还是"有意识的"行为选择。

启动：如何拥有"说到做到"的行动力

1."控力"功能自测

（1）做事时：

A. 无论做什么事总能第一时间完成，别人觉得我很负责任（1分）

B. 大多数事情都能按时完成，但没办法保证都能做得很好（0分）

C. 做事能拖就拖，做不到也无所谓（-1分）

（2）与人合作时：

A. 别人都喜欢和我一起做事，而且喜欢跟随我一起做（1分）

B. 遇到喜欢的人做事时就能做得很好（0分）

C. 很怕和人合作，基本都是被动的配合（-1分）

（3）解决问题时：

A. 总能出乎意料地把各种资源整合在一起，而且总能很好地突破创新（1分）

B. 能够在自己能力范围内找到一些朋友和资源来解决问题（0分）

C. 没有可以拿来解决问题的资源和人脉（-1分）

测评解析:

2分至3分:控力功能很强,能够很快地整合资源为我所用;

-1分至1分:控力功能不稳定,需要建立并优化自己的能力模型;

-3分至-2分:控力功能受损,需要修正习惯,提升能力。

2."控力"效能自测

(1)面对诱惑或困难时:

A. 总能保持冷静和清醒,不被外界的诱惑或困难所影响(1分)

B. 偶尔能够保持理智,有时会被影响(0分)

C. 总是被外界的诱惑和困难影响(-1分)

(2)与人一起做事时:

A. 大家都愿意听我的建议,我总能带大家出色地完成任务(1分)

B. 我的话有一定的影响力,我有时能带领大家完成任务(0分)

C. 最好别让我来负责,我没办法带领大家做事(-1分)

(3)关于成就:

A. 无论到哪里做什么事,我都能快速掌控全局并获得很好的结果(1分)

B. 在我熟悉的领域,我能掌控全局并取得不错的结

果（0分）

　　C. 我总是参与者，很少独立负责一件事（-1分）

测评解析：

　　2分至3分：控力效能很强，有很强的领导力和操盘能力；

　　-1分至1分：控力效能不稳定，领导力和操盘能力还需要提升；

　　-3分至-2分：控力效能受损，需要修复并加强学习和实践。

　　之前说过，"知道"不代表"懂"，"懂"也不代表"会"。"做"是一种行为，而"做到"是一种结果。有时候"知道却做不到"，是因为执行力是由情感控力、思维控力和行为控力综合决定的。情感控力指代控制情绪的能力，比如虽然在生气，但努力不把情绪带到工作上来，也不发泄到无辜者身上；思维控力指控制自己的思绪，让它集中于有益的问题而过滤无意义的问题，也包括坚持自己的信念、不受诱惑干扰；行为控力指代就是控制生理行为、言语行为、肢体行为等，比如在外为了文明礼仪而稍微憋尿直到抵达厕所，讲话为了保全对方颜面而采用委婉说法，或为了练习网球而坚持每天挥拍100次。控力包括我们常说的毅力，但范围更广，从小力度的掌控到大力度的掌控都是"控力"的变形。它包括力量强度和施力角度，巧妙的控力才更有"四两拨千斤"的效果。

　　大多数人执行力差，是因为"做"了却"做不到"想要的结果，久而久之就"不想做了"。问题出在没有启动注意力，只是简单重复地做相当于机械运动，完全将情感控力和思维控力闲置在一旁休眠。没有反思，也没有迭代，自然也就错失了"幸运地做到"的机会，没等做到就放弃了。

知行合一的三大阶段

知行合一需要完成三阶能力的训练，对应心智升级的三个时期。

第一阶段（自我期），加强"执行力"的训练，来完成感知力的激活、认知力的提升与行动力的打通。完成第一个阶段的成长，就能掌握善用自己的能力，即强大的自控力。

第二阶段（开放期），加强"影响力"的训练，来完成感知力的人际穿越、认知力的人际组合、行动力的人际扩充。完成第二阶段的成长就能处理好与别人的关系，掌握善用人际资源的能力，即强大的他控力。

第三阶段（融合期），加强"整合力"的训练，与万物融合，建立起系统思考的能力、全面而系统化的认知体系与强大的技能体系。完成第三个阶段的成长就能处理好我们与世界万物的关系，获得强大的它控力，如图5-1所示。

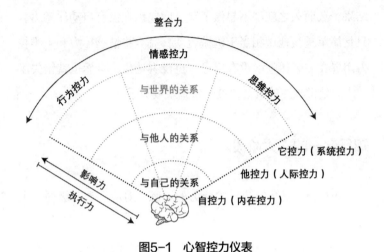

图5-1 心智控力仪表

这三个阶段分别完成了三层我的升级，即"自己眼中的自己""别人眼中的自己"和"真实客观的自己"。

知行合一中的"行"其实分为感知控力、认知控力和行为控力三个方面。《知行合一王阳明》一书中阐述了知行合一的奥秘，指出从时间来看，知是行之始，行是知之成。知行合一就是一件事的开始和终结。

按王阳明的解释，知行合一可以这么理解：对于享用美食，肯定是有了想要吃的心才会去吃，要吃的心属于"意动"，吃的行为是"行动"；当把食物放进嘴里才知道味道，反馈给自己决定要不要继续吃下去，可谓"感动"。实际上，去吃什么味道，需要"感觉"来收集和反馈就是感知控力；去吃什么食物，需要认知来区分和判断，就是认知控力；继续吃还是停止吃，是行为控力在主导。可见"知"要靠"感知"和

"认知"共同参与，并靠"行"来实现。因此"知是行之始，行是知之成"，"感"则是"知"与"行"的传感器的反馈系统。再比如，当你喜欢去户外，肯定是有了想走路的心，才会去走路。想走路的心就是"意动"，是"知"；实际走没走、走多少是"行"；至于路平坦与否的感觉，就是"感"。想要知道衣服是否合身，就必须去穿；想要知道水的温度，必须要伸手去感觉；要知道红烧牛肉好吃还是水煮牛肉好吃，就必须去吃。由此可见，要想具备"说到做到"的能力就需要"知行合一"，也就是感知控力、认知控力和行为控力三面合一。

知行合一的"注意力"

王阳明指出，"意动"就是"行"了，也就是"一念发动"便是"行"。比如，我每天想杀人，可我没去杀人，但已经是开始"行"了。王阳明指出，私欲就像云彩，每想一次丑恶的事，云就会加重一次。天长地久，白云就成乌云，遮盖了良知就可能去实践了。因此在"实践"之前"感知"和"认知"也已经是行的开始了。

同时，王阳明还指出知行合一不仅仅是指要去实践，还要有意识、有目的性地思考。死背书本知识，生搬硬套行为也不能算作是知行合一。王阳明认为，有目的性的思考本身就是"行"，良知就是判断力。因此在我看来，"有目的性的思考"就是感知和认知的实践目标，也就是"良知"的实践结果，这个过程就是"知行"的过程。接下来我们来深入看看

"有目的性的思考"是怎么发生的。

上一章分享了五大感觉，其实神经系统是分布于人体全身的。从最外层的感元接收器，向内通过脑干、边缘系统，最后到达大脑皮层。"有目的的思考"需要感知、觉知和认知的全程参与。其中，感知力是一种纵向的整合，是从头到脚，再从脚到头地将各不相同的区域连接成一个能发挥功能的整体。训练感知力，向内是提升对自己身体的连接能力，向外是提升对外在人与物的洞察能力。在前面介绍大脑的章节中，我们详细了解了大脑结构，以及多巴胺、内啡肽等对大脑感知与行动的强大影响。认知力和觉知力则是相伴而行的。认知力是将感知系统收集到的信息进行分类和界定，觉知力则是对认知模式和经验的调用、反思、修正和更新。觉知力在某种程度上直接决定了认知结果的形成，而提高觉知力的核心是注意力训练。

心理学家丹尼尔·西格尔指出，注意力集中在哪里，就会把认知资源导向哪里，并直接激活大脑相关领域内的神经元放电。心理学家在动物身上的研究结果显示，如果动物因注意到某种声音而获得奖赏，它们大脑中的听觉区域就会得到扩展；如果因注意到某种影像而获得奖赏，它们大脑中的视觉区域就会生长。这意味着神经可塑性是由注意本身激活的，而不是由感官输入激活的。当动物因注意到某种声音或影像而获得奖赏时，形成了一种情绪唤醒。同样，当我们参与重要的或有意义的活动时，激活神经可塑性的因素可能也包括情绪唤醒。而且如果我们不是饱含情绪地投入其中，也就是说，如果这段体验不是令人难忘的，大脑的结构就不大可能发生改变。

《认知觉醒》一书中也指出，运动可以帮助调节人体的各种激素，使我们达到最佳的状态，令身体内部的生态系统充满能量和活力。那些经常运动的人，体内生态系统如同流淌的泉水；而久坐不动的人，体内的生态系统如同一潭死水。因此不愿意运动的人更容易产生消沉、低落、焦虑、抑郁等不良情绪，而且压力产生的毒素还会破坏大脑中几十亿神经细胞之间的连接，使大脑的部分区域萎缩，所以长期不运动的人可能会变"笨"。而运动则能让大脑长出更多的神经元，可以在生理结构上让人变得更"聪明"。

脑科学的研究显示，运动或训练可以启动"神经新生"，同时激活大脑的各项能力。对小提琴演奏者大脑进行的扫描结果显示，由于小提琴演奏者的左手经常要快速而准确地按弦，因此映射左手的大脑皮层发生了惊人的生长与扩展。还有研究显示，出租车司机的海马变大了，而海马对于空间记忆是非常重要的。由此可见，注意力对于知行合一的能力建立起着至关重要的作用。

无力怪的挑战：
完成控力小测试看看自己控力的情况。

增广：如何建立"心想事成"的支配力

相信很多人都曾幻想过拥有"心想事成"的特异功能，那么"心想事成"的能力真的存在吗？好消息是，真的存在。无论是畅销书《秘密》（*The Secret*）的作者、《时代》周刊2007年全球最有影响力的100人之一朗达·拜恩，还是成立两家上市公司并3年内奇迹般地让日航从破产再次上市的稻盛和夫都表示，"心想事成"是真实存在的。那么普通人有没有办法掌握这种"心想事成"的能力呢？答案是可以。只需要我们坚信并勤加练习，就能掌握这种"心想事成"的神奇能力。

优劣相对，拥抱自控力

这些年做咨询与辅导时，我观察了很多人。那些自卑挫败的普通人和优秀成功的精英或企业家，最大的区别就在于做事时是否启动了认知觉察，是"下意识的"行为反应还是"有意识的"行为选择。比如，我经常遇到自卑的咨询者非常坚定地跟我说："我真的很自卑。"有趣的是她们"下意识地"对自己的自卑非常自信。也就是说，她们对自己的自卑是"有感知""有意识的"，但对自己坚信如此是"无意识的"。她们明明有"自信"的能力，只是她们"自信"地"选择"相信自己"不自信"，有趣吧。所以你很难说服她们相信自己。她们只会一味地过滤掉那些自己自信的瞬间、紧盯自卑的时刻，结果自然会一遍又一遍地证明给自己看：你看，我又自卑了吧，我的判断没错吧。

2007年的时候，我遇到一位导师把个人成长分为四个阶段：**了解自己、接纳自己、提升自己、善用自己**，对我影响深远。当我们启动了觉知力来"有意识地"了解自己的时候，可能会忽然发现自己有很多问题、缺点或不足。而且是自己意料之外的，因为那些表面的问题往往不是核心问题，真正的问题是平时自己看不见的。当发现了自己的核心问题后，如梦初醒，却无法接受这样的自己，甚至对自己的优点、价值视而不见。接纳自己之所以重要，是因为：①人无完人，没有人是"完美"的，每个人都有自己的优点和缺点；②短板只有承认，才有提升的可能；③优势不是一成不变的，只有不断确认、不断复制并迭代，才能让它保持优势；④优点和缺点其实是相对的，其定义受到环境条件的限制，换一种环境或思路就能相互转化。提升不是终极目的，善用自己才能成就自己。

我们既可以善用自己的优点，也可以善用自己的缺点。比如原来我知道自己脾气不好，无法接受这样的自己，一味地压抑自己结果成了老好人，生怕把真实的脾气暴露出来，害怕拒绝别人，害怕别人会因此而远离我。于是披着老好人的外衣弄得自己心力交瘁，伤心欲绝，伤痕累累。当我开始尝试接纳自己，勇敢地把真实的自己暴露出来，才发现原来真朋友会更喜欢我，那些一心只想利用我、占便宜的人自然会远离。忽然就自在了，反而发脾气的时间更短了，频率也变少了。更有趣的是，当我遭遇到心怀不轨的小人时，我就会善用我的"坏脾气"把他们吓跑。

当我们开始学会善用自己，就能明白好与坏都是相对的。当能够全盘接纳自己，就不会没事跟自己较劲死磕。内耗少了，执行力自然就出来了，不但做事拥有满满的动力，还能不断找到更智慧的方法和工具来解决问题、拿到成果，持续地实现自己的价值。继而明白，真正的自控力并不是把自己当奴隶、当机器使，而是内外统一，是心甘情愿。

那么如何养成自我觉察的能力和习惯，检控自我矛盾和成长，避免自动化行为造成的弱势呢？要知道，"下意识"的行为更像是条件反射的身体反应，而"有意识"的行为是在感知参与和认知指导下进行的。为此，著名心理学安德斯·艾利克森教授提出"刻意练习"理论，这种练习的核心就是要加入感知和认知。

为什么有的人打杂，做了一辈子还是个打杂的，也有些人同样打杂却成了老板。青年餐厅的董事长易宏进也是我的好朋友，16岁就进京打工，最开始就是给人打杂当学徒，如今早已身价过亿、全国拥有了几十家直营店。有的人做事的时候想的是，我中午吃啥，魂儿都不在；也有的人做事的时候相当专注，废寝忘食，一心想要做得更好，做出点名堂。

当我们开始善用自己的时候，就能洞察出事物原本的规律，就能学会借助工具，自然事半功倍，这就是王阳明所谓"格物致知"的真正含义。安德斯·艾利克森指出，练习的成果并不与时间呈正相关，而取决于练习方法。就如同我们身边不乏看似努力，实际却没有成就的人。如果我们机械地每日花上数个小时只是为了凑够一万小时，却始终没能发现更为有效的训练方法，不能辨别并弥补练习中的漏洞，以取得进步，结果最终只会变成"高级新手"。那么，"刻意练习"的方法是怎样的呢？包括以下几点：

1. 要有导师或教练来设计或监管；
2. 要有一套行之有效的训练方法；
3. 要持续不断地在舒适区的边缘努力突破；
4. 要制定含有细节描述的目标，并对目标进行拆解；
5. 练习时要开启自我觉察并作修正；
6. 要设置反馈机制方便复盘；
7. 要持续提升感知力、觉知力和行动力，以便实现决策力的迭代；
8. 注意修正和替换原有错误的感知模式、行为模式、决策模式。

人尽其能，建立他控力

要想对人际关系、人际效能拥有一定的掌控力，就需要知人善用。对于子女、员工或其他重要伙伴，更需要进行一定方向的合适培养。"千里马常有而伯乐不常有"，有了刻意练习法，还需要因材施教。虽说"天生我才必有用"，但是得先了解他/她有什么"才",也就是天赋特质。结合我这些年的成长与实践,我认为了解一个人的天赋特质至关重要。正如"优势发展心理学之父"唐纳德·克利夫顿倡导的,专注于天赋去发展会更高效也更容易获得幸福感。芒格也指出:"找到你真正不擅长的,然后规避它们。就算你很聪明,你也不可能做好你不感兴趣的事情。"管理学大师彼得·德鲁克也曾说过:"大多数人都自认为知道自己最擅长什么。其实不然……然而,一个人要有所作为,只能靠发挥自己的优势。"

世界五百强公司、被誉为"大数据鼻祖"的盖洛普公司,创造了一个34项才干优势测评的天赋识别工具,能够通过测试题快速识别出每个人的天赋排序。截至目前,全球已经有两千多万人做过测评,被众多世界五百强企业广泛使用,甚至像埃森哲这样的咨询公司也在使用。

盖洛普公司曾在内布拉斯加大学做过一项为期三年,针对普通读者和有天赋的读者"关于速读及理解能力测试"的大型研究,超过1000位学生参与研究。结果表明,普通读者和有天赋的读者在做过同样的培训后,有天赋的读者每分钟的阅读速度比之前有了惊人的进步,而普通读者虽也有提升却并不突出,如图5-2所示。

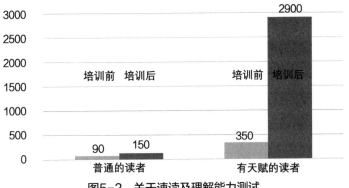

图5-2　关于速读及理解能力测试

　　盖洛普还发现，每天发挥优势的个人敬业度比其他人高出六倍，生活质量优越的可能性比一般人高出三倍；每天专注于优势的团队工作效率比其他团队高出12.5%，盈利能力比其他团队高出8.9%。此外，在优势圈工作的人，明显更加期待上班，与同事间的积极互动较消极互动更多，对客户更好，告诉朋友他们效力于一家好公司，每天取得更多成绩，体验更多积极、创意及创新时刻。而且他们还发现，如果总是被领导无视，员工消极怠工的概率是40%；如果总是被领导关注劣势，消极怠工的概率是22%；如果总是被领导关注优势，消极怠工的概率是1%。

　　盖洛普把"天赋"定义为自然而然反复出现、可被高效利用的思维模式、感受或行为。而把"优势"定义为通过持续的近乎完美的表现，在特定方面持续地取得积极成果的能力。同时指出，从天赋到优势的成长公式：**优势=天赋×知识/技能×训练**。

　　可见天赋包含感受、思维、行为模式三方面，和本书所说的心智模式是一致的。盖洛普经过大量的访谈和调研，把与成功密切相关的34种天赋（心智模式）和4项优势领域（战略思维、执行力、影响力、关系建立）提炼出来。通过研发的一套测试题，也就是盖洛普优势测评，识别出每个人的前5项主题天赋和优势领域排序。人一生的精力有限，集中在有天赋的方面更容易取得成果，从而拥有幸福感的心流体验。盖洛普测评的前5项主题天赋就可以重点关注和利用。让他人在优势领域发挥所长，会增加其成就感、满足感和合作意愿；同样，对他人优势领域的培养，也会另其更乐意接受和回馈贡献。

像盖洛普优势评测、九型人格、NLP等人才画像法，不但是自我发展的导航工具，也是团队管理的人才盘点工具。要知道如今的工作已经不是靠自己闷头苦干就能成功的时代了，自己优秀只是基础，能够与客户、上下级、朋友伙伴建立高效的心智沟通，才有可能低成本、高效率地达成目标。不过说到底，所有社交的本质，都是人与人之间信息能量流的互动和交换，只有真诚利他，才能维持长久的互益性交换。自控力和他控力本质上是深度相互关联、相互影响的。

物尽其用，掌握它控力

系统动力学认为，世界由三层构成，即物质世界、心理世界和系统世界，如表5-1所示。这三层世界皆有规律可循，当我们身处物质世界时，往往用理性讲道理、分对错、论标准；当进入心理世界时，我们就会关注到人的情绪与感受；而进入系统世界时，我们能连通三层世界，从不同的身份、角色来平衡。在心智发展的三个时期中，在自我期对他人和世界往往是缺乏洞察，所见所闻常常停留在肉眼可见的物质层面；进入开放期后，才会开始关注他人的感受，所见所闻可以穿透物质看到本质；而到达融合期后，对世界万物的洞察力就打开了，能够理解万物一体，融会贯通。

表5-1 三层世界

物质世界	意识	理性	道理、逻辑、对错、好坏、标准
心理世界	潜意识	感性	感受、情绪、精神、意愿、倾向
系统世界	系统	灵性	连接、平衡、尊重、序位、身份

比如，马斯克信奉的"第一性原理"：回归事物最基本的条件，将其拆分成各要素进行解构分析，从而找到实现目标最优路径的方法。该原理源于古希腊哲学家亚里士多德提出的一个哲学观点：每个系统中存在一个最基本的命题，它不能被违背或删除。而马斯克就用第一性原理帮他实现了梦想。他从小梦想到太空探索，长大以后也未放弃梦想，他想将首枚火箭发送至火星，可是他发现仅购买运载火箭的成本就高达6500万美元。于是，他采用第一性原理思维，认为要回归到物理的角度来看问题，将初始情况分解为最简单的问题。决定造火箭时，

为了解决成本问题，就回归到本质，对比自造和采购的优劣势。甚至拆分对比所有环节的成本结构，找出令成本居高不下的核心环节来针对性地突破，最终决定购买便宜的原材料自造火箭。于是马斯克创立了SpaceX，并在几年时间内，把发射火箭的成本削减至原本的十分之一，让SpaceX成为世界史上第一家成功发射火箭的私人公司。

再比如投资时，常要做的可行性分析，就是找到MVP（Minimum Viable Product），最简可行的方案或产品。说白了就是可以拿去复制的基本模型，也是采用第一性原理的思维方式。由此可见，要想具备善用万物的整合力，就必须建立起自己独立思考的能力。懂得善用第一性原理，就能具备回归本源找答案的能力。

如何运用第一性原理呢？

第一，以最本质、最基础、无法改变的条件作为出发点。也就是把问题拆分到底，拆分到不能再拆为止。

第二，推演过程需要有严密的逻辑关系，尽量少引入估计。也就是说全部推演过程需要经过反复检验来验证无误。

第三，不可随意参照同类方案或现有经验，尊重客观推演结果。也就是说对别人的经验或者大众"常识"，也要保持质疑的精神，还是要以验证的结果来核实的。

其实除了这个第一性原理外，笛卡尔的《方法论》也为我们指明了方向，他确立了四条方法论原则：

首先，不能把任何没有明确为真的东西当作真的前提，必须避免偏见和仓促判断，只把确凿无疑的东西呈现在我们的心智之前，作为判断的基础；

其次，把每个难题彻底分解成小的部分，直到达到可以将每部分圆满解决的程度；

然后，从最简单、最容易认识的对象开始，逐渐地上升到对复杂对象的认识，即便是彼此间原本没有先后次序的对象，也要给它们设定一个次序；

最后，要把一切情形尽可能全地列举出来，尽量全面地审视，确保毫无遗漏。

马斯克的成功让我们了解到，借助第一性原理可以帮我们通过善用物质世界的规律来影响心理世界与系统世界。那心理世界与系统世界又是如何相互影响的呢？系统世界，是指人所在的系统，及系统赋予人的角色和身份。心理学家罗杰·布朗斯维克曾提出："人们的抱负、梦想和自我都会在工作中流露出来，尽管大家都表现得好像这一切与在公司的行为无关。其结果就是存在大量不愿被承认的情绪噪音，对工作造成极大损害。"因此，只有关注员工们的内心世界，才能避免老板们在工作时过度地将焦点放在对错，开始转而关注人心所向，才能高效地找出解决问题的办法。也就是说，系统中每个人的心理世界都可以影响整个系统的环境与结果。

著名哲学家周国平说到"幸福是什么"时曾指出，人是自然之子和万物之灵，做好自然之子和做好万物之灵就能获得幸福。也就是说生命应该是单纯的，精神应该是优秀的。即便对于管理者、企业家，成功与幸福从精神而言，也在于最大限度地提升自身能力，获取更高级别的资讯、知识与能量。如果心智只停留在第一层（物质）世界或第二层（心理）世界，只能获得意识或者潜意识层面的知识与能量，让意识或潜意识方面的能力得以发展，无法获得更大的、关于系统层面的能力。

举个例子来说，一个高管或员工如果能够进入融合期，掌握了系统思维能力时，不但能处理好同事、领导、客户间的关系，也更能了解公司、老板的所思所想，并能与自己的职业发展很好地融合在一起，获得共赢的局面。基于我这些年为企业做顾问的观察，这样的人才基本是所有老板都认可的顶级人才。

技巧：如何获得"能力倍增"的装备库

心智控力除了自我、他人和世界三环，生理、情感和认知三个维度，还分执行力、影响力、整合力三种层次。其中，执行力是影响力和整合力的前提和基础。我们每个人与外界的关系主要就是三种：影响别人，被人所影响，以及最高级的共融共生。

执行力是应对内外信息能量流的反应与策略。当我们在外界影响下不忘初心、淡定自若，抵御从外到内的干扰，拥有清晰的方向和稳定的步伐，才能产生稳定的执行力。只有掌握了这样的"定力"，才有可能反过来影响到他人，给环境带来改变。持续地输出影响力，继而形成领导力。当我们能够对自我、他人和世界保持高度的接纳和融合，有全局性驱动意识，就能拥有整合力。

下面，我们来详细了解一下如何提升这三种类型的控力，学习下驾驭内在小宇宙的基本功。

消解熵增，恢复执行力

通过对第1章上下脑（三重脑）以及第4章大脑算法逻辑的学习，我们知道人类天生不具备绝对的自控力。行为反应会优先由下层大脑（本能脑与情绪脑）的潜意识所控制。当我们不断地刷着视频停不下来时，大吃美食停不下来时，满嘴抱怨停不下来时，理智脑只能干着急插不上手。如何夺回执行力的主动权呢？我们需要先学会叫"停"。别小看叫"停"，它是培养自控力的关键一步。

理智脑的行动速度往往比本能脑和情绪脑慢，因此，如果想调动理智脑来帮我们建立自律，遇事就需要先空出冷静的时间，让理性脑到岗。有句话叫"冲动是魔鬼"，很贴切地描述了人被本能脑与情绪脑所挟持的状态。因此在必要的时候，先停下来，放空情绪、放空自己，理智就会恢复。这也是为何冥想过后头脑更清晰、更活跃。那么，如何让陷入某种上瘾或失控性行为模式的人停下来呢？

1. **借助外部资源**。人的身心是相互关联、相互影响的，你很难让一个又蹦又跳的人安静低沉，也很难让一个躺着的人保持兴奋高昂的斗志。所以，可以借助行为，借助转换环境和与外物的互动，来改变我们的状态。比如当在房间里刷视频停不下来时，可以出去走一圈或者起身倒杯茶。你会发现，停下来并不难。

2. **借助他人**。有一对情侣每次吵架都吵得停不下来，其实吵到后面彼此都很累，也都不想吵了，但就是停不下来。后来我教了他们一个办法，就是当发现彼此吵架解决不了问题又停不下来的时候，彼此约定数10下。于是当一方发现吵架无意义又停不下来时，开始数"10、9、8……"对方也就明白大家要停下来了。当然这方法的前提是，彼此都认为吵下去对彼此有伤害，且达成一致愿意通过设置暗号来作为提醒，并愿意遵守。

3. **借助规则**。比如允许自己10分钟视频，可以定个10分钟的闹钟，之后找另一件喜欢做的事去代替，诸如去放首好听的歌曲等。规则宜简单，而且制定了就要遵守。

当然方法不只这几个，但只要我们开始决定叫停，每个人都可以找到适合自己的"叫停"方法。只有从失序中停下来后，才能重启有序的执行力。

其实，不仅我们天生不具备自控的能力，宇宙万物的发展也是趋于无序和混乱的。物理学家薛定谔曾指出："自然万物都趋向从有序到无序，即熵值增加。而生命需要通过不断抵消其生活中产生的正熵，使自己维持在一个稳定而低的熵水平上。生命以负熵为生。"也就是说熵代表着系统的混乱程度，系统越有序，熵值就越小；系统越无序，熵值就越大。所以，负熵代表着系统的活力，负熵越高就意味着系统越有序，这也是为什么薛定谔会说"生命以负熵为生"。1998年，贝佐斯也曾在亚马逊致股东信里说："我们要反抗熵。"而管理学大师彼得·德鲁克也曾指出："管理要做的只有一件事情，就是如何对抗熵增。在这个过程中，企业的生命力才会增加，而不是默默走向死亡。"

知道这个宇宙的发展规律，我们就明白了万事万物如果不刻意地管理与控制，都会变得自由散漫、混乱无序。所以，那些"很自律"的人都是靠后天学习和训练而形成的。自控力不够很正常，但不应一直把它作为为懒散和失控开脱的借口。当我们了解并接纳了宇宙的规律，掌握了自身算法的运转规律，就能更加高效地善用自己、善用他人、善用资源。

如何利用熵增定律来规划执行力呢？这其实需要我们对人类的一般生物节律，以及个体的特殊活动习惯有足够的了解。后者因人而异，这里只介绍一个对大多数人通用的作息调节法，由意大利弗朗西斯科·西里洛提出的"番茄工作法"：先极其专注地工作25分钟（可根据自己的情况延长或缩短），然后休息5分钟，如此循环往复。番茄工作法是很多成功人士有意无意中在使用的时间管理法，也是一种极其有效的自控力训练法，使用时需要注意几点：

1. 将25分钟设置为一个番茄时间单位，一个不可分割的基本单位；

2. 当在番茄时间内中断了手上的工作（例如刷了会视频），那么这个"番茄时间"就被视为无效，需要重新开始计时；

3. 当休息的铃声响起时，即刻停止手上的工作。

番茄工作法之所以有助于快速建立自控力，一方面是它让大脑获得了极其专注的机会，帮助大脑建立工作秩序。久而久之会形成一种用脑习惯，重建大脑的"专注用脑"生物钟。每当需要专注的时候，就会迅速激活大脑开启一个番茄时间的专注力。另一方面，适时规律的休息又让大脑在熵增的时候顺势放松、散漫放空。要知道哪怕是玩游戏、刷视频，一旦超过了大脑所能承受的时长，我们也会感觉烦躁抗拒，最初的快感只会荡然无存，痛苦却油然而生。因此，无论做什么事，番茄工作法的休息环节至关重要。

除此之外，还有呼吸调整、冥想等很多方法，可以结合个人的体验效果来收集和践行，从而形成自己的方法论。

持续共赢，绽放领导力

当我们拥有了稳定的执行力，想要从内而外带来影响与改变时，就会展现出影响力。然而，要想拥有卓越的领导力，带领一群人实现梦想或价值，还需要学习一些领导力技能。需要注意的是，领导力训练也是内外兼修的，影响他人的同时也影响着自己。提升自己其实是提升三个自己：自己眼中的自己、别人眼中的自己和真实客观的自己。

这里给大家介绍一下"人本教练技术"中内外兼修的领导力提升工具：九点领导力（激情、承诺、负责任、欣赏、付出、信任、共赢、感召、可能性）与九点领导力技巧（挖掘愿景、设定目标、制定策略、资源整合、贯彻执行、有效授权、团队建设、积极沟通、创新思维），如图5-3所示。这个工具既可以用来内修自己，也可以用来管理人际关系：

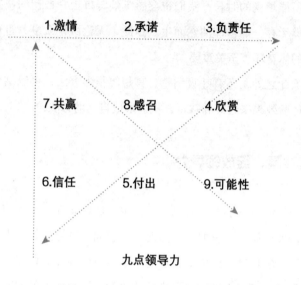

九点领导力

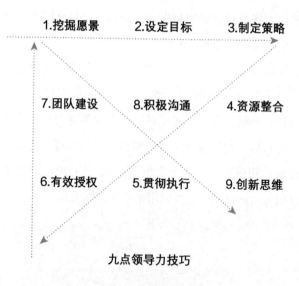

九点领导力技巧

图5-3 九点领导力工具

1.**激情**（挖掘愿景）：每个人内在都有一个想要成为的自己，也都渴望绽放真我价值。这个真我价值就是每个人的激情来源，找到真我价值是内修自己、建立领导力的根基。而对外领导力的第一步，则是挖掘合作对象的个体愿景和双方的集体愿景，设法将其统合起来。每当一个人描述自己的梦想时，你会发现他的眼中是有光的，我们自己如此，他人也是如此。这一刻他内在会升起激情，甚至整个人会被点亮，从麻木与沉睡中苏醒，开启由"心"选择的人生。

2.**承诺**（设定目标）：找到了真我价值，有了激情，就要顺藤摸瓜、趁热打铁地锁定目标，将激情转化为行动，激发内在的承诺。领导力技巧的第二步就是引发诚信宣言，将激情转化为清晰的行动，将能量聚焦于完成目标。

3.**负责任**（制定策略）：有了明确的目标后，就需要将目标拆解并制定策略。内修负责任，不断引发主动性与实现目标的意愿；外练目标拆解与策略制定的能力。没有策略的人做事没有章法，很难实现愿景。要确保"粮草未动，策略先行"才能确保把试错成本降到最低，只有这样才能做到运筹帷幄。策略的制定既要考虑过去的经验又要具有前瞻性，既要结合当下的背景与资源情况，也要敢于突破和创新。

4.**欣赏**（资源整合）：当策略定制完毕，就是收集和整合资源。内修接纳和珍惜，当我们打开自己珍惜身边人，知人善用，才可能整合到更多的资源。资源整合的核心是不拘一格、有进有退、有取有舍。

5.**付出**（贯彻执行）：当资源到位时，就是坚定地执行。

内修无我的专注，就能获得内在的喜悦平和，获得源源不断的专注力与执行力。行动是践行领导素质和能力的核心，也是检验策略与磨炼意志力的最好途径。

6.**信任**（有效授权）：行动的过程需要团队协作，领导者应通过有效授权来协作。内修无惧、放弃控制才能打开智慧，绽放领导的人格魅力。需要注意有效授权不等于弃权，有效授权是需要建立检验与反馈机制来确保团队的协作效率与效果的。很多人错误地把委派当作授权，委派是以命令和说服为主，会降低对方的参与度，导致对方的责任感不强、缺乏主动性。而授权的核心是授予对方责任和主动权，让对方有做主的空间，鼓励对方采用自己的方法去完成目标。

7.**共赢**（团队建设）：团队的健康是维持工作顺利进展的基础。团队建设内修尊重与体谅，打造共赢的心态与组织环境。老话说，"三个臭皮匠顶个诸葛亮"，任何一个人都不可能只靠自己承担所有的工作。只有让团队的创造力与能力凝聚在一起，才能创造出"1+1>2"的效果。团队中彼此可互为资源，互为眼睛、耳朵和手脚，而且可以放大个人的能力。

8.**感召**（积极沟通）：积极沟通是及时发现问题、扫除障碍、活跃思路，甚至提高效率的必要环节。内修反省来启发思考，并对行动的结果进行检验。很多优秀的领导个人能力很强，却不善沟通，甚至以为沟通可以完全被制度和流程化的工作替代。结果搬起石头砸了自己的脚，导致团队内部沟通不良，造成了很多内耗与不信任。但也有不少领导很想沟通，却不得其法，导致很多无效沟通。其实有效沟通有三个指标：准确性、实时性和效力性。沟通其实是有窗口期的，很多不起眼的小误会，当下不沟通清楚过后可能很难沟通清楚了，反而会造成大麻烦。而且沟通分为"单向沟通"与"双向沟通"。很多人习惯用单向沟通，结果事情布置下去了，大家到底理解不理解、接受不接受自己心里都没数，自然达不到想要的沟通效果。

9.**可能性**（创新思维）：这点虽然不在主体框架内，但其效果可辐射各个环节。领导者应打造一个有利于创新思维发展的环境，内修空杯心态和谦虚的习惯来探寻无限可能性。在创新思维中，有三个可以检视的原则：第一，没有独一无二的答案，如果秉持着非此即彼、非对即错的思维必然会被局限；第二，没有相同的事物和现象，如果只能看到相同的事物和现象，思维是固化的，因为看似相同的事件背后的原因可能不同，看似相同的问题不同的人遇到的障碍也是不同的；第三，没有永远不变的规律，既要有洞察规律的能力，也要有拥抱变化的思维。

这九点领导力基本包含了修炼影响力的所有要点，不仅对于团队管理、商业合作有效，对于经营家庭、亲密关系和其他社群也是适用的。影响力的大小范围、持续程度与这些能力息息相关。而所有能力的核心基础，不过是持续地双向受益，而且受益量大于不合作的单方面受益量。

善用工具，倍增操盘力

人不是单独活在空白的空间中，而是活在一个多维信息能量连接的系统中。所以，人总是处在自控与受控、控他与受阻的角力和平衡中。过度而不当的控制欲不但无法带来操盘力，还会导致更大的失控危机。要想提升操盘力，即整合现有人力、物力、信息等资源，根据前文所说的"第一性原理"，需要了解一些人事发展的底层逻辑。然后根据具体状况和问题，灵活取用和变通。

这就是说，任何人都不能单凭个人能力的经验完成整合力的最大化成长，因为整合力的方式、效率等是依靠和他人的比较和试验才能了解的。要想提升整合力，不能闭门造车、自己死磕，而要敢于去了解、学习、体验那些"做成"事的人的整合方式，以找到最适合自己的整合方式，问题分解次序和资源分配逻辑等。还记得杰克·特劳特提出的六匹马吗？学会善用工具、善用他人的智慧往往更加高效、更具价值。以下盘点了一些我常用的思维模型，可作为个人、企业（组织）的宏观布局或微观问题的一般性解决思路：

人生追求、规划定位：NLP思维逻辑层次模型

需求挖掘、动力来源：马斯克的需求理论思维模型

识别本质、深度思考：黄金圈思维法则

目标设定、可行性分析：SMART原则

拆解流程、排查遗漏：5W2H分析法

复盘诊断、迭代优化：PDCA循环

整理思维、理智选择：10+10+10旁观思维模型

接下来我们就详细看一下这些思维工具。

（一）NLP思维逻辑层次模型

能够帮助我们快速理清人生定位，可以用来分析自己，也可以分析客户（如摸清客户画像）或盘点团队，如图5-4所示。思维逻辑层次模型（Neuro-Logical Levels）最初由格雷戈里·贝特森提出，后由罗伯特·迪尔茨整理，于1991年推出一套更完善的"理解层次"模式。它指出人的大脑有六个不同的层次去处理事情及问题，称为理解层次。它可以用来解释社会上出现的很多事情，也可以帮助我们快速理解自己和他人。

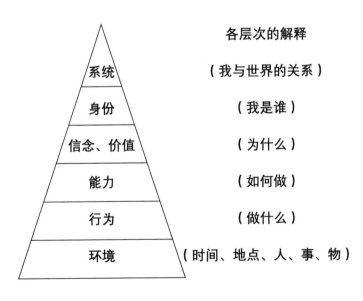

各层次的解释

系统　　（我与世界的关系）

身份　　（我是谁）

信念、价值　　（为什么）

能力　　（如何做）

行为　　（做什么）

环境　　（时间、地点、人、事、物）

图5-4 NLP思维逻辑层次模型

系统：自己与世界中的各种人、事、物的关系，也就是人生的意义；

身份：自己以什么身份去实现人生的意义，定义了我是谁，我想要什么样的人生；

信念：配合这个身份，应该有怎样的信念与价值观（应该怎样做、什么是重要的）；

能力：我可以有哪些不同的选择，我已掌握、还需要掌握哪些能力（如何做、会不会做）；

行为：在环境中我们做的过程（做什么、有没有做）；

环境：外界的条件和障碍有哪些（时间、地点、人、事、物等）。

（二）马斯洛的需求理论思维模型

能够帮助我们了解人性需求。可以用来了解自己，也可以用来挖掘客户需求或激励团队。

马斯洛的需求层次结构是心理学中的激励理论，通常被描绘成金字塔内的等级，前三个级别通常称为"基础需求"（缺失性需求），其余级别统称为"高级需求"（成长性需求）。目前马斯洛的需求模型已经扩大为八阶，如图5-5所示：

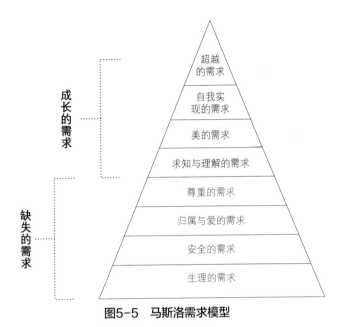

图5-5　马斯洛需求模型

1. 生理需要：指食物、睡眠、空气、水分、性的需要等，这些是人类最基础的需要。

2. 安全需要：指安全、受保护、稳定、秩序的需要，免除恐惧和焦虑等。

3. 归属和爱的需要：指与其他人建立感情，形成联系或关系。例如：结交朋友、追求爱情。

4. 尊重的需要：包括自我尊重（尊严、掌握、独立）和他人尊重（地位、威望）两种需求。

5. 求知需求：指好奇心，渴望获得知识、理解，想探索、找寻意义，希望事物可预测等。

6. 审美需求：指欣赏、寻找、获得美，达到平衡或美好的形式等。

7. 自我实现的需要：指有所追求，并发挥自己的能力或潜能，将其完善化。

8. 超越需要：指超越自我，及所带来的价值。

（三）黄金圈思维法则

能够帮助我们深度思考、快速洞察问题的本质，是最快穿透问题根源的一把利器。如图5-6所示，黄金圈是我们认知世界的方式，也是我们产生行动的方式。熟悉了Why—How—What这三个层面后，有时遇到问题，就能从表面的What出发，来反推问题的本原或出发点。而在正式行动之前，亦可根据这三步，以多次"想象实验"来推演计划能否施行。推演的步骤越详细，对后果的可能性和备用方案预想越充分，实施起来的阻力越小。

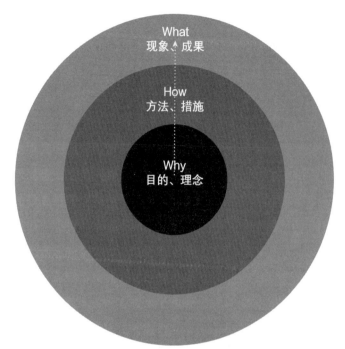

图5-6　黄金圈思维法则

Why：为什么要这么做，目标、理念是什么？

How：如何做，采用什么方法、措施？

What：结果的表现形式是什么，描述结果的画面，长什么样子？

（四）SMART原则

能够帮助我们调整优化目标，或评估目标的可行性。如图5-7所示，通过确定这五个方面可以让目标更精准：

S（Specific）"具体的"，指目标需要是清晰明确的；

M（Measurable）"可量度的"，指有数字化或图表式可核查验证，需要为成果的达成拆解目标，设定分阶段的检验点，以便提前核验而调整策略、行动或目标；

A（Attainable）"可实现的"，指可量化的结果不是好高骛远的，是经过努力后的确有可能、有机会做到的；

R（Relevant）"相关的"，目标与想实现的结果、与接下来的行动是相互关联的；

T（Time-bound）"有时限的"，必须具有明确的截止期限，没有时间节点的目标往往是无效的。

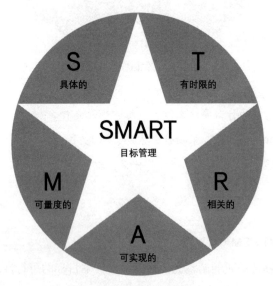

图5-7　SMART原则

SMART五项原则如同一把尺子，可以很快地检验目标是否合理，行动是否出现偏差，以便确保目标的达成。

（五）5W2H分析法

帮助我们拆解完成一个任务的流程。5W2H分析法又叫"七问分析法"，是二战中美国陆军兵器修理部发明的做事法则，分为"5W"和"2H"，表示7个问题，如图5-8所示。

图5-8 5W2H分析法

5W分别是：

1. What：是什么？目的是什么？做什么工作？

2. Why：为什么要做？可不可以不做？有没有替代方案？

3. Who：由谁来做？

4. When：什么时间做？什么时机最适宜？

5. Where：在哪里做？

2H分别是：

1. How：怎么做？如何提高效率？方法是什么？

2. How much：多少？做到什么程度？数量如何？质量水平如何？费用产出如何？

5W2H可以看作黄金圈2W1H的拓展，用于梳理做成一件事的完整思路，排查遗漏点，找出问题出在的关窍来重点攻克。或者当一处关节固定设死时，可以从其他关节来突破。

（六）PDCA循环

对行动或管理进行复盘时，可以用PDCA循环思维。PDCA循环是美国质量管理专家沃特·阿曼德·休哈特首先提出的，由戴明改进、普及，所以又称"戴明环"。全面质量管理的思想基础就是PDCA循环。PDCA循环的含义是将质量管理分为四个阶段，即Plan（计划）、Do（执行）、Check（检查）和Act（处置），如图5-9所示。

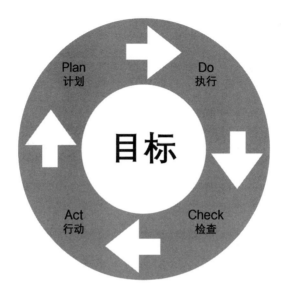

图5-9　PDCA循环

P（Plan）计划：指确定方针与目标，包括制订活动计划、设计实施办法等。

D（Do）执行：指依据已知信息和布局，采取行动，实现计划中的内容。

C（Check）检查：指对行动结果进行总结分析，找出哪些做对了，哪些可以优化，确定成果并找出问题。

A（Act）处置：指根据总结反馈进行改进和处理，将成功的经验加以肯定和标准化，让成功能够复制；同时根据失败的教训，将有待于解决的问题作为下一个PDCA循环的目标。

这四个过程并不是运行一次就结束了，而是循环进行，一个循环完了，就能解决一些问题，同时将未解决的问题投入下一个循环，以此来循环提升。

随着PDCA受到欢迎并广泛应用，后来又迭代出新的含义：

P（Planning）包含3部分：具体目标、实施计划、收支预算。

D（design）指的是设计方案和布局。

C（4C）：Check（检查）、Communicate（沟通）、Clean（清理）、Control（控制）。

A（2A）：Act（对总结检查的结果进行处理）、Aim（按照目标要求行事）。

（七）10+10+10旁观思维模型

面临做选择的时候，比如临时的判断、大的决策、预测自己的未来等，可以运用"10+10+10"旁观思维模型。当你对一个决策或选择犹豫不决时，可以想象一下：

10分钟后，你会怎么看待自己现在的决策，依然保持一致抑或会后悔；

10个月后，你会如何看待10个月以前的这个决策；

10年后，你又会如何看待10年前的这个判断与决策。

通过拉长时间维度来评估决策的长远价值，也称为"望远镜思维"。能够有效避免鲁莽选择后的后悔，以及获得延迟奖赏的动力。

除了以上这些思维模型外，还可以用"思维导图"等工具来训练主题分解和关联能力，提升系统化记忆。整合力和算力是高度相关的，但是更强调对不同能力、能量和资源的一种有意识统合，对无序状态的重新整序。要想提升整合力，我们日常还需要学习、收集、实践和创新出更多的思维模型。久而久之，便能形成自己的装备库，从而增强实战时的"战斗力"。这恰恰是成功人士与普通人的核心差异，那些具有强大操盘力的精英都非常擅长使用工具，而且会建立自己的装备库并持续完善和补给。

运用控力罗盘，获得稳操胜券的控力

以上这类一般性思路只是笼统的框架，人人都可以了解，但不是总能顺利施展，关键还在于是否"知己知彼"。要想加强对目标对象和自身的了解，就需要用到心智控力罗盘来盘点资源要素。

每个人的控力也分为行动控力、情感控力、思维控力三个方面，由内而外分为自我圈、社交圈、外部世界三环，以及相对应的资源。通过盘点控力资源可以帮助我们提升自身的控力值，从而建立起自身强大的操盘力。接下来我们看看控力罗盘和控力地图如何使用，如图5-10、5-11所示。

图5-10　控力罗盘

图5-11　控力地图

大家可以根据上图来盘点自己的控力及资源情况，可以从内到外盘点。

第一步，列出需要解决的问题，并列出问题的核心阻力。例如：问题还是工作压力太大，核心阻力是工作积极性不足、效率低下。

第二步，从内在开始盘点，列出3种以上的可用来解决问题生理控力资源。例如：通过设置奖励来自我激励，并在达成目标时兑现；采用冥想、瑜伽、运动等自己惯用的减压方式，压力严重的话可能需要缩短工时或休假旅行等。

然后，继续列出3种以上有利于解决问题的情感控力资源。例如：通过转换环境或转换活动来调节心情，或发泄一些郁积的情绪等。

另外，列出3种以上有利于解决问题的认知控力资源。例如：坚守信念、有耐心、不怕苦的精神、坚强的意志等，或确认努力的回报非常值得此刻的付出。

第三步，从自己转移到人脉圈，列出3条以上可以帮我们解决问题的物理资源、情绪资源和认知资源。例如：外包服务，找擅长解压的按摩人员、心理咨询师等帮自己减压，找愿意陪伴自己的朋友获得支持，向专业人员学习减压方法等。

第四步，从人脉圈转移到外部世界，列出3种以上可以帮我们解决问题的物理资源、情绪资源和认知资源。例如：找解压游戏、按摩椅、好听的音乐、好吃的食物等能让自己放松的外部资源，也可以用黄金圈思维法则、PDCA等思维工具挖掘具体原因并进行复盘修正。

最后需要说明的是，控力系统也是可以持续迭代、持续升级的。我们每个人都可以不断建立并丰富自己的控力武器库，让自己可以更加高效和自主。

熵增怪的挑战：
用控力罗盘梳理下有哪些操盘资源可以为我所用。

恭喜你已经完成训练场的全部修习，是时候下山实战了！
过关贴士：
下山后就开始了真正的心智升级之旅，训练场的内功和外功需要反复练习哦。教练一直都在训练场，随时可以回营回血哦！

PART Ⅲ

心智系统的应用

第6章

教练方法

- 闯关地图：

  场域区、教练区、训练区

- 通关任务：

  1. 熟悉场域区、教练区、训练区

  2. 掌握心智力孵化器的搭建法、教练养成法与心智训练法

- 本关装备

  心智罗盘、心智仪表

  四步教练法、约哈里窗户

  四步训练法、心智评分表

- 通关心法：

  环境对心智成长的影响至关重要。心智孵化环境、教练法和训练法由动力系统、算力系统、控力系统支撑和贯穿始终。

场域：如何搭建心智成长的场域

我们知道，万物生长会受环境的影响。同一种植物在不同的土壤、气候环境下，成长结果会完全不同；同样的鸡蛋，如果温度、湿度不适合是无法孵出小鸡的。人的心智成长也是如此，也会受到文化、环境的影响。

出生在艺术之家的孩子和出生在经商家庭的孩子，无论从气质还是思维方式上都会有很大的差异；在传统文化熏陶下的孩子和在麻将牌九家庭长大的孩子也容易形成不同的价值观。不仅家庭环境对心智成长会有影响，企业环境对心智发展的影响也是如此。一个崇尚时尚的公司和一个军事化管理的公司，无论是高管还是员工都会体现出不同的精神面貌。由此可见，环境对心智成长的影响是至关重要的。孵化环境也是由三大系统支撑：动力系统、算力系统、控力系统。构成环境的主要元素有：硬环境（"场"）、软环境（文化、制度等）、愿景（共同目标）、教练与教练计划，而三大系统贯穿始终。接下来我们分别来看下如何配置这些元素。

心智升级的硬环境

心智升级需要一个"场"，也可以称为"硬件环境"。主要包含场地（如果是线上就是线上平台）、道具（装潢、教具等）、设备（灯光、音效、视频等）。需要根据心智升级应用的领域来确定硬件环境的方案。比如应用在企业，就要考虑企业的性质，根据企业的心智升级需求、目标与成长周期等，结合现有资源来设计配套的硬件环境。而应用在家庭，就需要考虑家庭文化背景，根据家庭的心智升级需求、目标和成长阶段等，结合家庭的环境、资源情况来设计心智升级的配套环境。

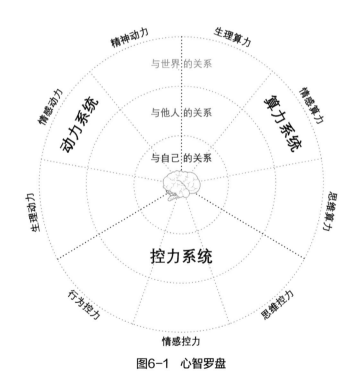

图6-1　心智罗盘

回顾一下我们的心智罗盘纲领，如图6-1所示。硬件环境无论应用在哪个领域，都是围绕着3个目标来设计：有利于激活动力系统、有利于提升算力系统、有利于增强控力系统的训练。同时要结合物理机制、情感特质、精神需求等方面来研发和设计。

动力环境：旨在激发动力，根据图6-2动力仪表，场地不适宜找令人感觉压抑、封闭的，尽量找能够给人带来激情和能量的。装修和饰品等都可以结合相应的人群特点来配置，比如针对游戏公司，就要有代表游戏领域顶级符号元素的，让大家一看就充满向往或敬佩，能带来正向动力的，同时能够激发想象力的、有助于思考的环境。也可以结合愿景目标等来设计，无须追求奢华昂贵的环境和装饰。根据自身情况和需要，在预算内选择室内或室外都是可以的。核心目的是让大家有参与感，能够激活身体、情绪、思维的正向动力。

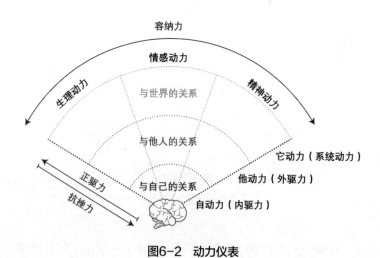

图6-2　动力仪表

　　算力环境：旨在提升算力性能，根据图6-2算力仪表，结合心智升级的愿景、目标和教练计划，设计能够帮助大家建立正向心锚的物品、道具、音效等。比如要想帮助赛车类游戏开发人员激活灵感，可以将工作或讨论空间模拟赛车场地，甚至可以触摸场地设施和真车，听到赛车的轰鸣声等。这样的环境可以快速把团队带入实景中，瞬间打开想象力，调取赛车相关的生理记忆，心理表征和思维模式等经验。另外，可以引入一些量化工具或方法，比如计时工具、限时性头脑风暴，或在限定条件下设计方案等。

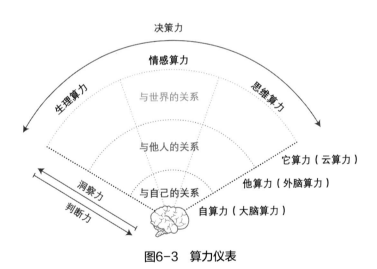

图6-3　算力仪表

　　控力环境：旨在增强控力效果，根据图6-4控力仪表，按照心智升级计划来设计相应的场景与道具，既要方便训练也要有实景带入感。比如阿里巴巴新员工培训，会让员工到真实的项目中PK。如果是市场部的，就去真实的市场中调研；如果是开发部的，就设置2天2夜的代码挑战赛，来模拟工作中可能会遇到的真实困难。其他常见的，比如沟通时，如需要让对象感受到放松、活力，可能会选择比较公共，但不会太嘈杂的场所；如需要让对象集中注意力、更有安全感，可能会选择比较私人和安静的场所。也是给予训练对象生理、情感和思维方面一定程度的控制力。

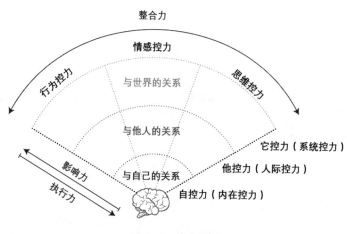

图6-4 控力仪表

心智升级的软环境

心智升级的场域要想长期维持，除了场地、道具等硬环境外，还需配置心智升级的体系，也称为"软环境"。主要包括文化、制度、相关的人员和活动流程等。同样，所有软环境的配置也是为了促进对象的动力、算力和控力的沉浸式训练。软环境的设置也需要结合对象自身的情况。

动力体系：同样根据动力仪表相关板块，来搭建和完善动力体系。如果是在企业中，需要基于企业的文化内涵和心智升级目标来设置规则与活动流程。比如在一家能源企业，可以将能源与人类的关系、对社会的价值、对企业的价值、对员工个体的影响融入活动游戏中或课程的讨论环节，以建立个人与企业的关联性，同时提高个人工作的价值感，以激活工作的使命感。很多企业在进行企业培训时急于提升员工的能力，而忽略了员工提升的动机，即是否明白为何要去提升，或者是否主动想提升。如果只是领导认为员工需要提升，但员工内心并未渴望提升，那么培训再多的方法与技巧，员工做起事来依旧走老路。甚至学完就忘，和没有学习一样。针对此，就需要制定一些动力规则或赏罚激励机制，将企业的文化理念和价值观在会议、私聊、团建等场合不断输出，建立员工们对它的深度认同感。同时，通过问卷调查或访谈，来了解员工个体的学习和施展需求，并在培训时多次沟通和确认其学习意愿和效果。只有当成员的"小我"与组织的"大我"是相互成就的共赢关系，才能自然流现亲和、活跃、积极的互动性成长和共事氛围，在物理、情感和认知维度上拥有和谐统一的动力。对于个人、家庭、亲密关系的培养也是同理。

算力体系：参照算力仪表搭建算力体系。很多家长评估孩子的学习水平，只以学校成绩排名为唯一尺度；很多人评估身边人，包括爱人的价值，贯以"一般市价行情"或与他人的对比而简单得出"好"或"不好；"很多企业在做人才培养时，并未深入了解员工的认知阶段，也未进行思维模型的摸底盘点，用一种教学和评估思路一以贯之。人们一个习惯性的误区是，当这些对象展现出"短板"时，认为他和别人遇到的问题一样，解决办法也一样。其实每个人在发展中遇到的问题和瓶颈是不一样的。比如，哪怕同样是沟通问题，有的人是害怕沟通，有的人可能是不会沟通，也有的人是沟通形式单一，沟通时机没把握好。因此要想实现心智升级的目标，就需要通过访谈或调研，诊断不同人遇到的不同问题。有针对性地定制提升方法，比如对学习障碍的孩子换一种适合他的学习思路，对情感和婚姻问题换一种更合适彼此的亲密关系构建规则和协定，对下属员工的消极怠工换一种他更胜任的任务处理模式，抓成效而不抓过程，等等。这种人本通融的规则约定常常能打破信任壁垒，实现人际和场域中信息能量流的有效对接和交换。为了提升物理算力、情感算力和精神算力，规则的制定需要在保障集体利益的基础上，对个体拥有一定的适应弹性，另外需要协调好内部个异性规则与外界通用性规约之间的矛盾。

控力体系：控力源自"信"，无论是信仰、信念、信赖还是信誉，信越强，场域的控力效果越强。对于上述动力体系中价值观和愿景的设立，算力体系中个性化规则的设立，都需要成员的共同遵守来保持其信力。此外，在进行知识或技能培训时，需要结合实际场景，尽量模拟真实的问题或情境，预演真实的干扰和挑战，让受训者从生理、心理到思维都做好全面的准备和建设。通过计划、演练、复盘反馈、改进方案的PDCA

循环，来让这个心智训练场（即使是虚拟平台）成为大家信赖且实操有效的试验和练习基地。以至于将有益的流程、规则、步骤等内化为个体自身心智模式的一部分。

最后，无论动力、算力还是控力的提升方案中，既需要有流程、有模型，也不能按部就班、相互割裂。比如，动力激活方面，可以建立积分奖励机制或比赛机制，同时在每个环节对每个人的成长情况进行确认与关注。三大系统既需要有专门的环节，也需要贯穿在整个场景、整个流程之中。

心智升级的共同愿景

如今网红已经不再是陌生的事物，但是很多人仍不明白，为何消费者乐意为顶流KOL的推荐物品买单，为何粉丝会为了给偶像打榜一掷千金，为何网民们一度为了支持国货而疯抢鸿星尔克……这些疯狂的背后都有一个共同的东西——愿景，而且是共同愿景。

共同愿景到底有多重要？没有共同愿景乔布斯就造不出苹果，马斯克也无法把火箭送上太空。那到底共同愿景是什么？又是如何产生的？

共同愿景不是理念，而是人们内心的愿力，一种由深刻难忘的影响力所产生的愿力。因此要想搭建心智升级孵化器，树立共同愿景就如同给孵化器建个加油站。没有愿景的孵化器早晚会因能量不够而枯竭。只有当人们心中有一幅相似的图景，并且承诺一起来维持，而不只是个人自己持有，这个图景才成为真正的共同愿景。当大家拥有真正的共同愿景时，彼此之间就建立起牢固的纽带，有了相互沟通的稳定桥梁。

"愿景"这个词大家并不陌生，但常常是某个人或某个团体强加在组织之上的愿景，被很多老板或领袖拿来当作画饼的套路。这种愿景最多只能带来一时的迷惑与欺骗或强制性的顺从，无法激发奉献和承诺，更不可能持久地创造奇迹。要想建立起共同愿景，需要先激发出个人愿景，然后从个人愿景整合到共同愿景。"学习型组织之父"彼得·圣吉指出，面对愿景，大家一般会有这几种态度：承诺投入、报名加入、真心顺从、形式顺从、勉强顺从、不顺从、冷漠。当大家进入承诺投入的状态时，才会为实现愿景去做任何需要的事，同时每个人都成为实现愿景的资源。

心智共同愿景的建立与实施，也需要动力系统、算力系统、控力系统这三大系统思维来指导。

心智升级的计划与教练

有的人会认为，我自学能力很好，不需要教练，给我方法和资料可以自己学、自己练。其实这是一种误区，要知道每个人都有"盲区"，每个人真正的核心瓶颈，往往靠自己是无法觉察到的，就像不借助镜子就看不到自己的后脑勺一样。教练如同一面镜子，可以给我们更及时、客观的反馈。

也有人觉得，那找个自己熟悉的朋友陪练不就行了？人们经常以为咨询就是聊天，既然是聊天找谁不能聊？其实教练之所以成为教练，是因为教练的客观性与系统性思维能力是经过专业训练的。比如同样是跑步，有专业教练辅助，就可以实时纠正我们的节奏与步伐，确保我们持续用正确的方法和良好的状态来刻意练习。试想一下，如果我们用错误的方法持续反复地练习，结果会怎样？要么受伤，要么养成错误的习惯难以纠正。

况且，再自律的人都会有惰性，都会本能地偷懒和逃避，而这恰恰是成长的劲敌。借助他力和它力的能量和智慧，远比仅靠自力高效。教练可以专注地支持我们突破舒适区，持续在舒适区边界鼓励我们不断挑战和尝试；在我们缺乏自信的时候给予鼓励，在我们遭遇瓶颈的时候充当陪练。要知道，没有合适的契机和外界的刺激，人的潜能往往是很难被激发的。专业的、恰到好处的刺激与挑战可以不断地挖掘我们的潜能，让我们遇见那个更好的自己。在教练眼中，总能看见本人无法预见的更加优秀的自己，远比自己更加相信自己。师生关系是一种很强的支撑力，在我们脆弱、崩溃的时候，可以借由教练的能量涅槃重生。

教练是需要自身经过心智成长的，并且掌握了心智训练方法，能够盘点出每个人动力、算力、控力的情况，再结合个体的目标制定心智升级计划和反馈机制。同时需要跟进心智升级计划，参与全过程的反馈与数据评估，针对反馈情况及时优化或调整心智升级方案。

心智教练需要经过专业的训练，具体的培养方法在下一节详细介绍。正式心智升级的执行步骤如下：

1. 通过心智升级罗盘完成心智力的盘点（动力值、算力值、控力值）；

2. 诊断问题，评估心智发展阶段，厘清心智升级目标，完成可行性分析；

3. 心智升级目标拆解及教练方案制定（含实施办法、反馈机制与复盘机制的设计等）；

4. 心智升级进度评估（动力值、算力值、控力值），教练复盘，方案与资源配置优化迭代；

5. 心智升级成果巩固及下个阶段心智升级目标制定（可选）。

教练：如何成为心智教练

　　心智教练不同于老师，不是单方面地输出知识，而要与学员建立稳定持续的信任关系。教练也不是培训师，培训师是传授单一、对方未习得的技术，而教练帮助他发现自己身上的优势和盲点，挖掘他已经具备的东西。心智教练也不同于其他的教练，需要对学员的心智有敏锐、客观的洞察力，能够对学员的动力进行挖掘与修复，对算力进行盘点与迭代，对控力进行梳理与优化。心智教练需要具备评估被教练者的心智水平和潜力，制定心智升级方案，并对方案进行评估和优化的能力。这就要求心智教练时刻保持客观性和专业性，因此要想成为教练，必须先完成自我的心智成长与升级。

教练的内功研习法

　　人本心理学的教练模式提出，人分为"两面三端"。两面指的是人的内面与外面，内面是潜藏在性格中的信念与态度等，而外面是外在表现和专业能力等。三端指的是"因""术"和"道"，如图6–5所示。顶端的"因"（Why）指的是为什么，以此来探究外在现象的内在原因，挖掘人的根本动机和目的；右端的"道"（How）指的是怎么样，向内探

究人采取的态度，对外可以挖掘有哪些原则规律；左端则是
"术"（What），代表着究竟该怎么做，向内探讨有什么具体
的能力，对外则有什么方法或工具。如果把"因"视作人生的
愿景与目标，那么"道"是该有什么样的人生心态，"术"则
是通过什么样的方法、用什么样的工具来实现目标。

图6-5　人生三端

要想成为客观专业的心智教练，就需要通过两面三端入手
修习。结合教练技术与心智罗盘持之以恒地研习、提升，就能
获得内在的成熟与外在的技术熟练。

心智教练需要能够随时对自我的心智力进行盘点，包括动
力盘点、算力盘点与控力盘点，也需要给自己找一个心智教练
督导团或者心智智囊团，并加入或组建一个心智升级场，帮助

自己定期进行心智力复盘、反馈与优化。同时，心智教练也需要持续更新、优化外部智库或外部资源，以便不断升级自我的三大系统和提升教练效果。要知道，心智升级这件事是需要与时俱进、与社会接轨的。如图6-6所示，教练的心智罗盘和仪表盘包括应用于自我整体评估、教练工作评估、心智场域评估、学员对象评估等，是让这几个层面都螺旋形上升的普适性底层模板。接下来详细谈谈教练的动力、算力和控力分别指什么。

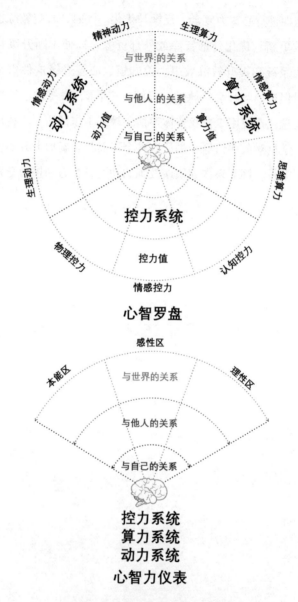

图6-12 心智罗盘和心智力仪表

教练的愿景与动力

心智教练是人们心智的引领者和人生的陪跑者，从这个意义来看是很神圣、很有价值的。这也就决定了没有成就他人的愿景和源动力的人，是不可能成为合格的心智教练的。

教练支持被教练者，时间可长可短。有时候可能就是一次偶然的契机，甚至一面之缘，但可能因为这次短暂的相遇而点亮对方，甚至影响对方的一生。所以心智教练需要有明确而坚定的利他愿景，这种愿景将带给教练清晰的方向感，从而照射到被教练的学员。哪怕一次教练也有可能让他看清成长之路，为成长扫除迷茫与障碍。

要想具备这样稳定的内在动力，心智教练需要保持开放的心态，设置好反馈系统并不断复盘迭代、持续修正。要知道，任何愿景都是从最初一个简单的想法开始的，只有通过制定目标、持续行动和刻意练习，才能拿到结果从而获得成就感，强化想法甚至将它变成愿景。而只有经过磨炼的愿景才能成为内在的定海神针，开启潜在源源不断的动力。

教练还需系统化的动力支持，也就是说，除了建立自动力系统，也需要借助他动力，以及外部系统和环境的它动力。只有打通与自己、与他人、与世界的关系，共同的愿景才可能持久和稳定。

教练的洞察与算力

与一般老师和培训师不同，教练关心的是：什么原因限制了学员的心智成长，是动力出了问题？还是算力有了"bug"？比如，是认知偏差导致的思维模式问题，还是干扰太多导致的情绪模式问题等。因此，心智教练必须具备客观、敏锐、专业的洞察力。那么如何才能获得这种洞察力呢？

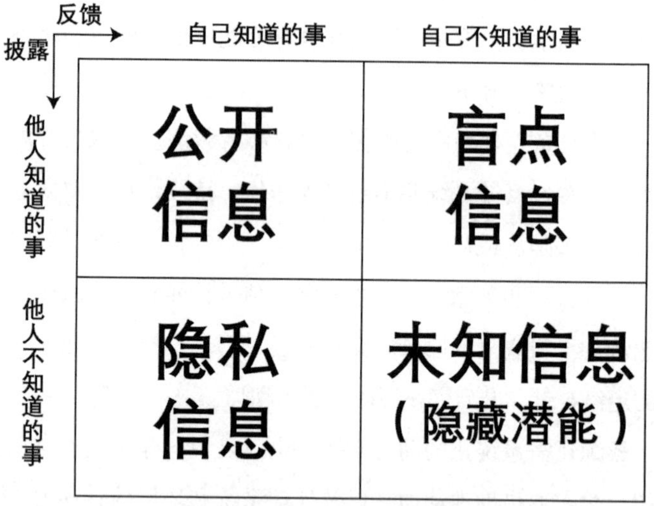

图6-7　约哈里窗户

美国著名社会心理学家约瑟夫·勒夫特和哈林顿·英格拉姆对如何提高人际交往效率提出了一个"约哈里窗户"理论，用来解释自我和公众沟通关系的动态变化。此理论被引入人际交往心理学、管理学、人力资源学、传播学等领域。这个思维模型把世界分为四个部分，如图6-7所示：

1.自己知道、他人知道的事情，是公开信息；

2.自己不知道、他人知道的事情，是盲点信息；

3.自己知道、他人不知道的事情，是隐私信息；

4.自己不知道、他人不知道的事情，是未知信息。

每个人遇到瓶颈时，往往出现在自己的盲区，也就是不知道自己卡在哪了，所以也就不知道如何来突破。教练可以借助约哈里窗户，帮助被教练者快速识别哪些是他的盲点。要知道盲区越大，潜能被掩盖得就更深，风险也就越大。同时，要想帮助到被教练者，心智教练还需要提升这四种教练能力：聆听、发问、区分和回应。

1. **聆听**。东方人说话往往委婉含蓄，甚至可能因为不好意思而言不由衷，或因为有所企图而口是心非。因此，要想具备良好的聆听能力，需要学会听懂"弦外之音"。也就是说，教练要练习听出对方说话背后的意图：他说这句话的出发点是什么，有什么动机？想达到什么目的？用心去聆听与区分，就会发现，很多时候说话的内容并不一定代表内心所想。而教练要练习听出事实与真相，试着听出对方的感受和情绪。聆听能力可以通过接收、反映和复述三步法来训练。

2. **发问**。古希腊哲学家柏拉图曾说："很多时候，问题往往比答案更重要。"好的问题往往能够直指答案，帮助被教练者看清问题，启动思考。发问有两种不同的出发点，一种是为了批评，另一种是引导或给予启发。当出发点不同时，对方的反应就会不同，结果可能会完全不同。批判性的提问很容易引发对方的抗拒情绪，令其进入逃避和推卸责任的状态，从而拖延或抗拒解决问题；而启发性的问题会让对方感受到支持，从而引发思考和行动，同时还可以挖掘出更多不同的观点，创造出双赢的关系和局面。

另外，发问的问题可以分为两种类型：封闭性问题和开放性问题。封闭性问题不需要对方多想什么或多说什么，只能回答"是"或"不是"。而开放性问题无法用简单的"是"或"不是"回答，必须经过思考将自己的想法、需求、感受、经历、兴趣或目标等说出来。比如，"你觉得这个问题有什么更好的解决办法？"

发问是反映真相很好的手段，发问是探索的开始。教练在发问的过程中需要保持中立的心态，放空自我，以启发性作为发问出发点，多问开放性问题，这样才能帮助对方看到自己的盲区。

3. 区分。教练要区分事实与真相、事实与演绎。要知道事实不等于真相，演绎更不能代替真相。人们看到的往往是事实，但未必是真相。比如，当看到一个员工上班迟到、工作打瞌睡，真相未必是他工作不努力混日子，也可能是为了工作熬了几个通宵，身体疲劳得扛不住了。同时要知道，每个人表达的"事实"都带有自己的演绎。如一个老板抱怨一个员工没良心，但事实可能只是这个员工和老板沟通产生了误会，让老板伤心、生气。教练要区分出被教练者在说话中掺杂的演绎，令对方看到事实并不是他所讲的那样，看到他自我演绎的方法。

除此之外，教练还要区分出对方的渴望与障碍。很多人常常会把达不成的目标解释为"自己想达成但无能为力"，而事实可能是他下意识地逃避，害怕自己做不到。

教练在区分的时候，可以帮助对方区分，也可以引导对方自己区分。教练是支持者，通过区分帮助他人厘清问题，看到可能性。

4. 回应。恰当的回应可以成就一个人，不当的回应也可以毁掉一个人。西方著名心理学家、精神分析学派的创始人弗洛伊德认为，投射作用在人生中的影响不可忽略。小时候父母会将自己的想法投射到我们身上，形成我们的信念和价值观；长大后我们又会将自己的信念和看法投射到周围人的身上，继续影响他人的信念。回应难免带着内心想法的投射，投射的出发点可以是贡献于对方，也可以是批评于对方。区别在于，贡献性的回应是抱着真正关心对方的态度，目的是帮助对方更好地成长；而批评性的回应会将对方视为类似肇事者的角色，会产生看不惯、看不起对方的语言或行为，采用的方式往往是否定、批评或打击。

值得注意的是，教练回应的是体验，是当下的真实感受，而不应带着对错与好坏的标准，更不能追求对"坏""错"的批评，同时也不是给出一刀切的建议。出发点是支持对方和提供反馈价值，心态是直接明确、真诚负责以及即时的。

这四种能力可以帮助心智教练有效地提升洞察力和客观性。

教练的技术与控力

心智教练如果想支持到对方，除了具备前面的四种能力外，还需要掌握教练技巧。上面四步是用于调整学生，以下四步则是调控自己：厘清目标、反映真相、心态迁善、行动计划。这"四步教练法"的思维模型可以帮助心智教练快速跳出思维干扰，聚焦于学员心智升级的目标与客观问题的挖掘和反馈上，成为一面清晰客观的镜子。只有这样，心智教练才能支持学员面对问题、看清成长之路，并制定计划，开启心智升级之旅。

四步教练法：

1. 厘清目标：厘清目标是教练需要做的第一步。这里的厘清目标包含两个目标：一个是教练的目标，另一个是被教练者的目标。教练本身的目标是帮助被教练者厘清他的目标，并支持他达成自己的目标，这个目标是对方的目标而不是教练建议对方的目标。这点很重要，如果教练不能做到这一点，就可能将自己的目标强加于别人身上。因为教练的职责是协助别人看到他真正的追求，最终也是对方自己去做选择和决定。

只有当事人自己更清楚自己需要什么。很多人不知道是因为害怕而逃避，或一时迷失了方向，或遭遇挫折而失去了想象和追求的勇气，麻痹自己的内在需求。教练便是帮助对方把潜藏在内心深处的真正需求挖掘出来，并激励对方勇敢地活出自己、绽放价值，从而实现目标。

要知道，目标是教练存在的基础。一个只盯着问题而没有具体目标的学员，是无法跳出泥潭来解决问题的。目标有多重要？它可能直接决定成败：一个不切实际的目标，定下来的那一刻就注定了失败；不但如此，如果所定的目标与心智成长方向相反，哪怕完成了目标，结果可能成为心智成长的绊脚石。比如一个家长认为让孩子乖巧听话是成长目标，那么当孩子真的乖巧听话了，结果可能是放弃了独立思考的时刻，心智成长在那一瞬间就停滞了。

2. **反映真相**：教练就是对方的一面镜子，把对方的行为和心态真实地反映出来。然而值得注意的是，心智教练需要有能力区分想法是自己的主观臆断还是对方的客观状态。而且反馈问题的目的不是施加道德评判或抨击对方的过错，相反地，心智教练不能有太强的道德偏好，要与对方一起来发现和确认其无意识或下意识的行为、感受、意图，比如不安或害怕等。反映的目的是帮助学员区分"我认为的"与"别人认为的"，帮助学员看到自己视角以外的信息，更加全面、客观地洞见事实。而且教练需要帮助学员区分"表象"与"事实"，比如一个很凶的人，表象是看起来很凶，但内在或许是因为害怕或渴望被爱，那么事实往往和表象并不一致。

3. **心态迁善**：迁善是迁善信念和心态。很多时候信念决定了态度，态度又决定着行为，而行为决定了最终的结果。如果想通过教练改变结果，就需要协助被教练者升起改变不利的信心，看待问题时转换成利于发展的角度，在信念上得以迁善。心态发生变化，行为就会随之变化，只有这样才能通过努力收获满意的结果。比如自卑、不善言辞的人，如果一味地关注自己的紧张情绪，就会大脑空白，不知道该说什么。如果教练能够引导他看到原来不只是他会紧张，所有的人公众讲话都会紧张；紧张没关系，其他人之所以能够不被紧张所影响是因为上台时做了哪些事，比如讲个笑话、和大家互动问问题等。所以他可以把关注点放在开场可以做的事情上。这样就会让学员在心态上有所改变，看到更多视角，从而尝试不同的方法，自然就会得到不同的体验，从而久而久之就能建立自信，公众讲话也会熟能生巧。

4. **行动计划**：只有当目标拆解、落实到行动计划时，成长与改变才正式开始。教练需要协助对方学会跟进与检视，尤其是在碰到困难、出现气馁的时候，可以提醒对方去明确目标，通过反映真相来迁善心态，从而将更强的信心注入行动之中。然后通过行动计划帮助对方建立负责任的心态与习惯，主动承诺并积极地创造成果，确保行动的开展并及时修正，不断加强信心和坚定立场。

教练的控力，追根到底在于"信"，建立起自己与被教练者的互信关系。相信对方能做到，让对方相信自己能做到，相信自己能让对方做到。一切的方法都是由此而生，因、术、道自然统合在一起。

训练：如何进行心智训练

心智教练专注于被教练者的心智成长。因此，教练需要熟知心智的三大阶段、九个步骤，并且熟练使用心智罗盘和心智仪表来盘点被教练者的心智力情况，确定其所属的阶段，帮其完善心智力地图，从而找到提升的突破口。

心智训练和其他刻意练习一样，是通过定期、反复的心智梳理，来提升受训对象的系统化自我认知，和有意识地调用心智宝库取长补短、查漏补缺的能力。心智训练不是单次的心智力盘点，也不是在遇到问题和瓶颈时才启用心智导航工具，而是将它作为阶段性、持续性成长的检控工具，甚至内化为日常生活的一种习惯。下面来介绍一下心智训练的基本流程。

训练流程

心智训练法分为两种难度和四大步骤（PDCA）。针对普通人群和教练，训练法分为简易版和全面版两种难度，基本步骤相同，围绕心智罗盘展开。

1. 简单盘点（大众版）

【第一步】在心智罗盘中，动力/算力/控力3大板块×自/他/它力3环×生理/情感/思维3维=27格。可以某一主题或目标为定位（如提高工作效率或开拓产品市场），也可以对象本身为定位，以好、中、差为基准在每个格子中打星、打钩或打叉，如图6-8。这样能笼统地把握对象的心智情况，或其对于某一问题的解决能力。

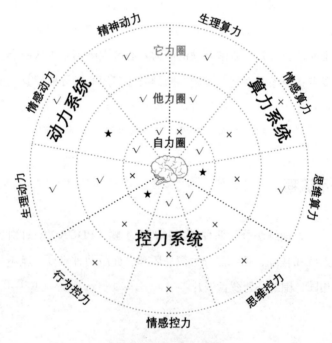

图6-8 简单盘点示例

　　我们以一个身残志坚的年轻人为例。在评估动力系统时，从自力圈开始，逐层向外检视。在自力圈中，他可能生理动力偏低，但精神动力很高，如果他情绪稳定、积极乐观，那么情感动力也较高。在他力圈中，如果他的父母身体都很好又愿意照顾他，那么生理他动力就比较高；如果他父母能情绪稳定、乐观积极，又非常有追求，能在精神上开导和激励他，那么情感他动力和精神他动力也比较高。在它力圈，也就是外部宏观环境中，如果他生活的国家对于残疾人的设施齐全，就能给予他较高的生理它动力；如果他所在的地区对残疾人非常友好，那么情感他动力也很高；如果他所在地区的人在精神上都会平等看待残疾人，甚至给他们很多生存发展的机会，那么精神它动力也会很高。综合而言，可以看出，即使一个人的自动力一般，如果所处的人际圈、环境动力很足，那他依然能得到较高的整体动力水平。

　　在评估算力系统时，在自力圈中，如果他因为健康状况不足昏迷的时候很多，或者生理活动能力受限，那么生理自算力就很低；但如果他情绪调整能力很强，很懂得感恩和珍惜，那么情感自算力就很高；如果他对很多事情有独特的认知，思考问题能够快速抓住事物的本质，那么思维自算力就很高。在他力圈中，如果他的家人掌握了很多医疗知识，对于各种状况的处理很熟练，那么他的生理他算力就很高；如果他的家人、朋友情商都很高，而且想问题很透彻，对他有很好的疏导和建言献策作用，那么情感他算力、思维他算力也很高。在它算力中，如果这个人所在的环境有专业的设备可以监控身体指标和辅助生理功能，那么就可以补足一些生理算力。比如霍金依然可以通过各种仪器设备工作，外部工具给他补足了很多算力。如果他能借助电子产品、互联网等技术产物来提升自己的生活质量和生存能力，那么情感它算力和思维它算力也不亚于他人。如今网络上的各种舆论，有的会给予支持，也有的会引发网暴，所以情感云算力会带来不同的影响；同样，如果网络上有些专家可以提供专业的医疗方案或指导，也是一种思维云算力的体现。

在评估控力系统时，在自力圈中，他可能行为自控力很强，坚持要独立完成任务；也可能受健康状况所限，常常心余力绌。他可能情感控力很弱，容易发脾气或陷入消沉低迷；他的思维控力也许很强，做事容易专注，用强大的意志力和努力来弥补生理控力的不足。在他力圈中，他可能情感他控力很弱，对自己和他人的情绪反应冷淡迟钝，处理上比较笨拙，任由关系渐渐恶化；也可能情感控力很强，非常渴望他人的依赖，努力追求他人的关注。如果他的朋友领导力和感召力很强，对他有督促作用，也能弥补他行为自控力的不足。如果他的励志精神能感召和影响其他人，那么也是精神他控力的一种体现。在它力圈中，如果他所处的组织井然有序、公平公正，而且他在组织中的位置恰如其分，那么能拥有较好的行为它控力。如果组织文化散漫，环境危机四伏，他难以应对，那么精神它控力较弱。如果他能通过科技手段和产品疏导情感需求，并不被环境中的负面情绪和能量所干扰，那么具备一定的情感它控力，反之则很容易造成情感内耗。

【第二步】根据第一步的结果，定位到优势板块（星号）和弱势板块（叉号）。然后对照三大系统地图，优势板块进一步盘点，弱势板块是自己曾经的空白或盲区，现在可开始有意识地挖掘和开发盲区。综合可利用的资源和可开发的资源，制定心智力提升计划。

【第三步】在一定期限内，坚持执行计划。

【第四步】期限过后，回过头来检验成果。重复第一步，更新自己的罗盘，看27个板块变化效果。优势是否维持，弱势是否改善，动力、算力、控力各个系统整体上力度是否有提升，相互之间的交互是否良好。再根据新的罗盘盘点状况，结合目标、愿景制定新的心智力提升计划。

2. 量化盘点（教练版）

心智罗盘的每个格子用数值来标示，数字通过心智力测评表得出。心智力综合测评表样题可参见第3～5章开头自测表，最终版目前还在开发和测试中，计划针对个人测评、企业测评、亲子关系测评、亲密关系测评等开发出系列问卷，测评者根据问卷得分来填充罗盘，如图6-9。通过量化各分力值，来增加直观性、可比性和调控性。

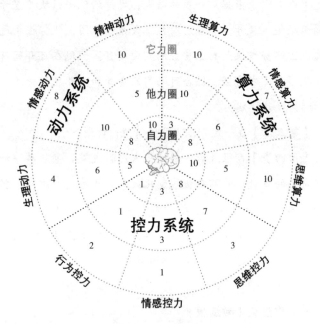

图6-9　量化盘点示例

主要步骤还是重复简单版的四步。

【第一步】在27个格子中填充通过测评表得出的数值。

【第二步】查看高分板块和低分板块，根据目标制定高分板块的利用计划和低分板块的补足或替代计划。

【第三步】在一定期限内，坚持执行计划。

【第四步】计划完成后，回过头来复盘，对比检验成果，制定下一轮心智提升计划。

【第五步】对第四步中心智罗盘的各板块数值可做进一步

的统计分析，比如动力系统拓展正驱力、抗挫力、容纳力三维，算力系统拓展洞察力、判断力、决策力三维，控力系统拓展执行力、影响力、整合力三维（各名词释义详见第3～5章有关内容），有效变量增至27×3=81个。按照基础算法：

心智力值=动力值×算力值×控力值；

动力值=自动力值+他动力值+它动力值；

算力值=自算力值+他算力值+它算力值；

控力值=自控力值+他控力值+它控力值；

生理力值=生理（物理）动力+生理（物理）算力+生理（物理）控力；

情感力值=情感动力+情感算力+情感控力；

思维力值=精神动力+精神算力+精神控力；

自力值=自动力+自算力+自控力；

他力值=他动力+他算力+它控力；

它力值=它动力+它算力+它控力。

心智力评分表细化如下：

表6-1 动力值评分表

单位：分

动力值评分表								
综合评估	自动力值			他动力值			它动力值		
	生理动力	情感动力	精神动力	生理动力	情感动力	精神动力	生理动力	情感动力	精神动力
正驱力（0~3）	3	3	2						
抗挫力（0~3）	3	3	1						
容纳力（0~3）	3	2	2						
生理/情感/精神分值小计（0~10）	10	8	5						
自力/他力/它力分值小计（0~1000）	400			500			200		
动力总值（0~3000）	1100								

注：自动力值=生理动力×情感动力×精神动力（0~1000）
　　他动力值=生理动力×情感动力×精神动力（0~1000）
　　它动力值=生理动力×情感动力×精神动力（0~1000）
　　动力总值=自动力值＋他动力值＋它动力值（0~3000）

表6-2 算力值评分表

单位：分

算力值评分表								
综合评估	自算力值			他算力值			它算力值		
	生理算力	情感算力	思维算力	生理算力	情感算力	思维算力	生理算力	情感算力	思维算力
洞察力（0~3）			−3	3					
判断力（0~3）			−3	3					
决策力（0~3）			−3	3					
生理/情感/思维分值小计（−10~10）			−10	10					
自力/他力/它力分值小计（−1000~1000）									
算力总值（−3000~3000）									

注：自算力值=生理算力×情感算力×思维算力（−1000~1000）
　　他算力值=生理算力×情感算力×思维算力（−1000~1000）
　　它算力值=生理算力×情感算力×思维算力（−1000~1000）
　　算力总值=自算力值+他算力值+它算力值（−3000~3000）

表6-3　控力值评分表

单位：分

控力值评分表								
综合评估	自控力值			他控力值			它控力值		
	行为控力	情感控力	思维控力	行为控力	情绪控力	思维控力	行为资源控力	情感资源控力	智库资源控力
执行力（0~3）	1	1	1	3					
影响力（0~3）		3		3					
整合力（0~3）		3		3					
行为/情感/思维分值小计（0~10）		7		10					
自力/他力/它力分值合计（0~1000）									
控力总值（0~3000）									

注：自控力值=行为控力×情感控力×思维控力（0~1000）
　　他控力值=行为控力×情感控力×思维控力（0~1000）
　　它控力值=行为资源控力×情感资源控力×智库资源控力（0~1000）
　　控力总值=自控力值+他控力值+它控力值（0~3000）

　　81个小格子的分值范围0～3分，评估颗粒度可以根据需要放大或缩小。比如问卷设计可以是单纯解释每个概念，让被教练者按0～3分给自己的每一项打分；也可以每一项各设计一组问题，然后将每一组的总得分换算为3分制，填入评估表和罗盘中。

　　例如，当评估一个人的动力值时，在自动力方面，如果身体非常健康、活力十足，做什么事身体都能给予支持，那么生理正驱力就是3分；如果身体健康情况良好，但反应迟钝、做事总是慢半拍，可以打2分；如果身体健康情况堪忧，做事情身体状况总是带来障碍，那就只能打1分。抗挫力亦然，如果身体能够在遭遇挫折时还能非常给力，当别人身体撑不住时，他还熬夜、吃苦、抗冻不在话下，那就可以打3分，反之就可以打低分。他动力也是一样，如果家人或朋友总是生病拖累自己，那么生理正驱力就是1分甚至0分。如果生理动力全部小格子都是3分，则再加1分整体动力分，也就是10分，他力值和它力值也是一样。动力总值范围是0～3000。

　　当评估算力值时，如表6-2所示。注意算力值与其他的分值范围不同，有正有负，每一格范围是-3～3，算力总值范围是-3000～3000，所以导致心智力总值也是有正有负的。有些人虽然很聪明，懂得知识也很多，但是心术不正，心智力值很高但是方向是负向的。这样的人动力越强、能力越大，对自己或他人的危害就越大。比如有个人复仇心很强，掌握知识和能力的目的就是为了报复他人或社会，那么他的思维算力就是负向的，哪怕洞察力、判断力、决策力都很卓越，但是最终思维算力就是最危险的-10，可能会造成反社会行为。同样，如果所在的环境也是强盗思维，他算力值也会是负的，叠加起来更加危险；如果他算力是积极正向的，则可以抵消一部分他的负面影响力。如果一整列小格子都是3分，则再加1分整体分，也就是10分。它算力也是一样。

　　控力值评分表如表6–3所示，每个小格子的分值范围是0～3分，总值范围是0～3000。比如评估一个人的执行力，如果他做事缺少主动性，总是被动地接受或随大流，那么他的行为自控力和思维自控力就很弱，算作1分。如果一个人非常活泼，总能把自己的感受（无论对错）传播出去，而且大家都相信他，那么他的他控力的执行力和影响力就很强，可以是3分；如果他总能控场，让大家都喜欢他甚至各尽其力，那么他控力的整合力就是3分。如果一整列小格子都是3分，则再加1分整体分，也就是10分。它控力亦然。

　　心智力总评分表如表6–4所示，心智力总值范围-27,000,000,000～27,000,000,000。当动力值、算力值、控力值评估完后，就可以得出各部分总值。各个表格的公式都在表格中做了备注。

表6-4　心智力汇总表

心智力汇总表			
动力总值 （0～3000）	算力总值 （-3000～3000）	控力总值 （0～3000）	心智力总值 （-27,000,000,000～2 7,000,000,000）
注：心智力总值=动力值×算力值×控力值 　　　（-27,000,000,000～27,000,000,000）			

　　后续可在表6-1～6-3的基础上，引入更复杂多样化的关联性统计分析法，找到强关联和弱关联的心智分力。甚至像盖洛普优势排序一样，得出测评者27或81个心智分力的优势排序；同时，根据不同心智分力之间的关联程度，甚至能将测评者分为几大类型，如强自动力、自算力、自控力而弱另6项的为独立自驱型，强他动力、他算力、他控力而弱另6项的为忠诚服从型，生理、情感、思维的3动力强、3控力强、3算力弱的为直率冲动型，3动力强、3算力强、3控力弱的为潜力浮躁型，3算力强、3控力强、3动力弱的为高敏抑郁型，等等。

反馈机制

　　被教练者如何知道自己的心智训练成果？如何知道自己有没有进步？有以下三种方法。

1. 测评表反馈

通过定期或反复做心智力盘点，以测评表得分和心智罗盘画像来反馈。

心智力不是一成不变的，它会在内部成长和外界环境的影响下在不同时期呈现不同结果。心智力的所有分力之间是相互影响的，有的是此消彼长，有的是同向增益或消减，例如，当对象所处环境中的他动力或它动力提升了，也会促使自动力提升；而当他动力减少时，可能会令对象的自动力也减少，或"反抗式"地增多，取决于对象的信念和价值观。当环境中的他算力或它算力提升了，如果对象主体采用的是学习或竞争的态度，那么自算力会随之提升；如果主体采用的是单纯依赖的态度，那么自算力可能会相应地降低，比如当我们依赖电子设备的记忆和计算，而衰退了过去记号码和心算的能力。当控力持续性增强时，对一些人来说，动力反而会下降。当环境控力较重，如所谓的高压环境下，会令一些人同向增加自控力，保持服从以减少阻力；而令另一些人改变动力流向，走向失控，表现为偏航、游离或叛逆。

因此，心智训练有必要定期做心智罗盘盘点和测分来检验训练效果：对比上次评估，总心智力水平是否有提升；上次盘点的资源是否有用得上；哪些格子倾向或分数有显著改变，思考为什么，应该顺着这些趋势发展，还是做些什么来改变它，等等。

2. 实践反馈

通过对比自己实际解决同个问题的效果或效率来反馈。

心智罗盘可应用于很多领域，包括企业、家庭、教育等。例如，帮助求职者做职业规划，提升职场能力、职场人际关系等，反馈可能来自其工作业绩，上、下、同级的评价；帮助管理者提升管理能力，或者盘点团队的心智力，反馈可能来自团队成员，如是否认可管理者的领导，是否感觉更乐意待在这个团队了；帮助销售员梳理客户的心智情况，优化客户的心智体验，反馈自然来自客户和市场；帮助企业家优化企业的心智环境，更好地应对企业转型或新领域投资危机，反馈来自企业转型是否顺利、危机是否解除、抗挫力是否提升等；可以帮助孩子的家长优化家庭心智环境，识别出孩子心智成长阶段与所需的心智力资源，反馈来自孩子的学习和生活进步情况、自信水平，面对意外考验时是否有心理素质和爆发潜力，以及孩子对家长的教育方式和亲子相处方式是否满意等；还可以用于亲密关系的心智力识别，以便给予对方成长所需的支持，反馈来自恋人或伴侣的满意程度、回馈程度，和对于亲密关系或共同愿景的贡献度是否提升，等等。

3. 长期可视化数据反馈

长期记录受教练者的心智成长数据，甚至可以以季度或年度为单位，绘制成长曲线来更直观地把握其心智发展水平。这样当他处于迷茫或自我怀疑时期时，回顾自己曾经的高峰能对自己的潜力有更坚定的认识。

在心智导航系统的大框架下，心智教练可以纳入自己擅长的其他工具来健全反馈机制，包括软硬件工具和思维模型等。此外，建议建立以奖赏为主的激励机制，如定期的鼓励、达成目标的褒奖和PK赛测验等。正向激励往往能提供巨大的动力，负面反馈也需要建设性地提出，教练的存在就是陪伴和督促被教练者落实心智提升计划，帮助其遇见更好的自己。任何反馈方式，不怕想不到，只要对被教练者有效且是他能接受的，就可以选用。

衍生框架

对于教练来说，除了心智训练的基本流程，还需要对心智升阶的总路径有宏观把握。我们来回顾一下心智升级的三大阶段和九个步骤：

自我期：迷惑混乱、觉察反省、自我整合；

开放期：专注忘我、乐观主动、内外整合；

融合期：知行合一、无我利他、无惑自在。

处于自我期的心智升级目标是了解自己、接纳自己，处理好与自己的关系；处于开放期的心智升级目标是了解他人、接纳他人，处理好与他人的关系；处于融合期的心智升级目标是了解社会（世界）、接纳社会（世界），处理好与社会（世界）的关系。

通过检查心智力评估表6-1、6-2、6-3的纵向3大区域自力值、他力值和它力值，可以判断对象的所处的心智力阶段。如纵向1号区域自动力、自算力、自控力和自力总值，可以查看心智是否完成了第一阶段"自我期"的成长；纵向2号区域他动力、他算力、他控力和他力总值评估，可以查看是否完成了第二阶段"开放期"的成长；接着再查看3号区域它动力、它算力、它控力和它力总值，评估心智成长第三阶段"融合期"的情况。

有的人可能第一阶段的成长尚未完成，1号区域分数较低，但2号区域或3号区域分数很高，说明是对自我的接纳度不够。要想提升需要从第一阶段开始，只有处理好与自己的关系才能获得更好的发展。有些年少成名的人士，因抑郁症无法与自己和解，年纪轻轻就寻了短见，非常令人惋惜。虽然2号、3号区域发展得不错，但1号区域较弱，无法支撑人生的长远发展。

需要注意，当进入一个高级阶段时可能会进行初级阶段的调适，甚至可能会退回到初级阶段，进行整合与重构。比如，当一个人完成了自我期的心智成长，进入开放期打开心扉与人社交时，也可能会因为遇到重大变故或重大伤害而退回到自我期，将刚刚开放的自我再次封闭。也就是说，心智既可以升级也可能退转，直至心智达到高阶的稳定平衡。心智达到的阶段越高，底层心智越会趋于成熟、稳定，越难发生退转，哪怕遭遇退转也更容易重新升级。

1. 对象衍生

心智训练的对象，可以是个体、组织和关系。针对训练对象的人数情况，心智教练可以采用一对一咨询或工作坊团体交流等方式带领其盘点梳理。评估方式也可采用对象自测，或教练访谈测评。前者的主观性相对较强，评测结果可以请心智教练协助解读，共同来分析优势为何是优势，劣势该如何弥补或规避。

2. 周期衍生

完整的训练，至少需要几轮循环为一个周期（"疗程"）。视情况可分为长期训练和短期训练。

如学生，根据不同年龄和学力水平，分阶段执行心智升级方案；如职员，根据基层期、中层期、高层期的不同管理地位，制定不同阶段的心智力升级方案；如企业，根据创业期、成熟期、转型期、拓版期，制定不同阶段的心智力升级方案；如亲密关系，根据不同亲密程度（恋爱、婚姻、后生育期、晚年期），分阶段制定心智升级方案；如亲子关系，根据严控期、疏远期、激化期、平淡期、和谐期，制定不同阶段的心智力升级方案。

所以，心智教练可以伴随学员终身成长，为迷茫的学员看到他暂时未看见的未来潜力。

3. 领域嵌套

心智力训练的囊括性，除了有纵向时期上的衍生，还有横向领域上的容纳和嵌套。例如，对于个人工作效率低这个问题，最初会想当然地认为只是自控力不足，但只有全面盘点三大心智力系统后，才能发现问题的根源。如果是因为不喜欢当下的工作和公司，那么优先要解决的是动力问题，然后提升职业技能才更加高效；如果是因为被教练者对工作不熟悉，缺少基本的思维方式和信息储备，那么就需要给予相应的技能训练，并根据对方的行业认知水平建立解决问题的思维模型，这样才能更快地提高工作能力。

心智力的提升，离不开相对应板块知识和技能的提升。两者是相辅相成的。所以，实际的心智训练计划中，常常会包含其他领域的知识学习和技能训练。所有五大感觉和八大智能（详见第1章）的学习，都归入三大系统中的算力系统。而控力系统主要培养的是意志力、行动力、连接力、整合力等逆熵能力，与之相关的专项训练也是心智训练的一部分。心智导航系统的强大就在于其无与伦比的覆盖性和延展性。因此，从这个意义上来说，心智教练也需要对各个领域抱以开放包容的心态、灵活的分解融和能力和高瞻远瞩的统筹眼光。

第7章

应用场景

· 闯关地图：

　　企业区、亲子区、情感区

· 通关任务：

　　1. 熟悉企业区、亲子区、情感区

　　2. 掌握装备的使用方法

· 本关装备

　　组织心智罗盘、组织心智仪表、五项修炼

　　亲子关系心智力、关系成长三大时期

　　亲密关系心智力、成功婚姻七大原则

· 通关心法

　　当我们掌握了心智规律，有意识地构建有助于心智成长的动力系统、算力系统、控力系统，就能收获持续成功的团队关系、温暖积极的亲子关系和幸福美满的亲密关系。

企业：如何建立"人尽其能"的学习型组织

组织心智力

组织心智力盘点有两部分，一方面是对团队人员的心智力进行盘点，这部分前面的章节做了详细介绍；另一方面是对整个组织的心智力进行盘点。

也就是把组织看成一个生命体，任何一个组织都需要处理好三大关系：组织与自己内部的关系、组织与其他组织之间的关系以及组织与这个世界的关系。稻盛和夫在78岁高龄时，零工资出任破产重建的日航公司董事长，仅仅1年就将负债1.5235万亿日元的日航公司扭亏为盈，2年零7个月带领日航重新上市，并创造了纯利润高达1866亿日元的营收奇迹。之所以能创造这样的奇迹，就是处理好了这三种关系，内部处理好了组织定位、团队架构、凝聚力等组织关系问题；外部处理好了客户关系、上下游企业、员工家庭等各种相关组织的问题；更处理好了日航与世界的关系问题，也就是日航存在到底有什么价值的问题。正如他所说，日航背后影响的是日本国民对于日本经济的信心。日航崛起既可以分担社会压力，减少几万家庭的失业问题，也是重振日本大众对于经济的信心，这个价值意义重大。这三种关系都处理好了，组织心智力就爆发了，奇迹就出现了。

组织心智力也由三大系统综合决定：动力系统、算力系统、控力系统，如图7-1所示。**组织心智力=组织动力值×组织算力值×组织控力值**

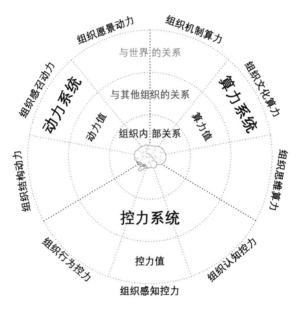

图7-1　组织心智罗盘

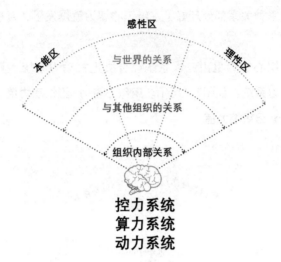

图7-2 组织心智力仪表

（一）动力系统

　　如图7-3所示，由组织的结构动力、感召动力、愿景动力三类能量来源构成。同时，由三种关系带来了组织自动力、组织间的他动力、组织与社会世界间的它动力。从动力方向上也分为促进心智力的正驱力，降低心智阻力的抗挫力以及组织的容纳力。

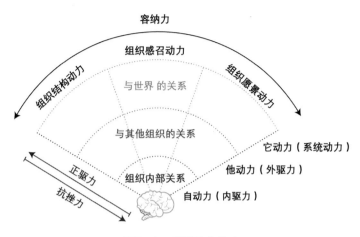

图7-3　组织动力仪表

其中，组织结构动力是指人员构成、年龄、能力等。每个组织都有"组织基因"，与组织管理者和核心骨干息息相关。比如很多传统企业是实业组织基因，一做互联网就失败；而互联网基因的公司，做实体项目可能老出问题。再比如做淘宝电商的公司到抖音做抖音电商却玩不转，也是因为其核心骨干是淘宝电商的能力和思维，公司虽然转型了但组织结构还不具备新的运营和人员模式。

组织感召动力，是指组织的归属感、号召力，会带来团队的忠诚度、凝聚力等。显而易见，这些是一个组织或企业的核心动力。前面提到过物理学和心理学意义上的"熵增定律"，在组织管理学中也适用。当企业维持在一定阶段后，如不加以重新规整或订立新的目标，就很容易僵化而丧失活力，甚至退化。一家企业一旦失去了"感召力"，团队就会变成一盘散沙，再好的公司也难以持久。比如很多公司，在创业阶段凝聚力很强，发展壮大后，企业感召力迷失了：为何要做企业，要走向哪里？合伙人开始出现分歧，或一个公司变成两个，都做得不好。相反，也有很多音乐组合，组合本身没有足够的感召力，成员最终选择单飞反而发展得更好。

组织愿景动力，是指组织存在的价值，也是组织中每个人愿意为了组织持续付出的精神动力。比如马斯克、乔布斯、任正非等企业家操盘的企业之所以能招揽全球顶级人才，除了优厚的待遇，更是因为组织的愿景被他们所欣赏、价值被他们所认可。甚至很多人才愿意为了组织的存亡与发展赴汤蹈火，在所不辞。

（二）算力系统

如图7-4所示，由组织机制算力、组织文化算力、组织思维算力构成。同时，由三种关系带来了组织内部的算力、组织外的集群算力以及云算力。从算力方向上，也分为有利于算力提升的洞察力、避免算力偏差的判断力，以及全盘核算的决策力。

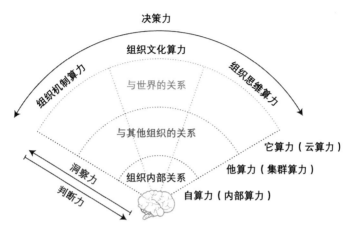

图7-4　组织算力仪表

　　组织机制算力，是指公司架构、股份结构、岗位结构等。可以说一个公司的组织机制决定了它可以走多远。知名中式快餐连锁品牌"真功夫"，在业界曾拥有最大规模和最快发展速度。然而，由于股权分配引发纠纷，让这个家族企业陷入困境。2004—2011年，两大创始人蔡达标和潘宇海均分股权，比例均达47%以上。二人为争夺控股权持续内斗，最后以蔡达标涉嫌经济犯罪锒铛入狱告终。此后，今日资本等股东撤资，真功夫估值缩水，上市搁浅，加上产品更新缓慢，竞争力大幅下跌，门面拓展几乎停滞，可谓痛失好局。股权分配不当和章程防护不到位，导致真功夫从辉煌走向没落。适当的公司结构和股权分配有助于企业稳健发展，而错误的股权分配及内部纷争则可能使企业陷入衰退。除了股权结构外，公司架构是扁平式管理还是阿米巴模式，也需要针对企业的情况来设置，根据企业的发展阶段来优化调整。

组织文化算力，是指组织的文化氛围和调用模式。文化是组织成员的纽带，也是客户和合作伙伴与组织关系的纽带。任何一家企业，无论做没做企业文化，其实都自带企业文化。有人认为，企业文化是专门请人设计包装的，以为没有做过企业文化的公司就没有企业文化。其实企业诞生的那天起就有企业文化了，这是组织领导者与团队形成的一种情绪和精神氛围，可能是冷漠麻木、死气沉沉，也可能是激情温暖、生机勃勃。每个企业中的人都是企业文化的创造者，也都是企业文化的影响者。每个企业的客户、伙伴甚至竞争对手，都会形成对这个企业独特的感觉，从而影响与其的互动方式和结果。这个文化不但影响组织内个体的工作效率、工作结果，甚至可以决定整个组织的市场机遇或危机。比如一个散漫、冷漠的组织文化，必然会导致组织人员的流失，导致组织腐败、吃回扣等行为。

组织思维算力，是指组织的信息采集、判断和决策模式。尤其决策模式，对于组织来说，是老板一言堂，还是大家群策群力，还是有专门的决策会议，由智囊团幕后指导，不同的决策模式必然会导致不同的组织能力与决策结果。我在做企业辅导时经常遇到一种情况，就是一个很优秀的老板带领团队做到了不错的阶段，但是发现团队缺乏独立思考能力，企业大小事务离了老板就问题频出，这个问题的形成也非一日之寒。

（三）控力系统

如图7-5所示，由组织行为控力、组织感知控力、组织认知控力构成。同时，由三种关系带来了组织内的执行力、组织外的影响力与组织内外的整合力。而从施力对象或层级上分为组织自控力、组织他控力（如对其他同类组织）和组织它控力（如对其他行业、领域）。

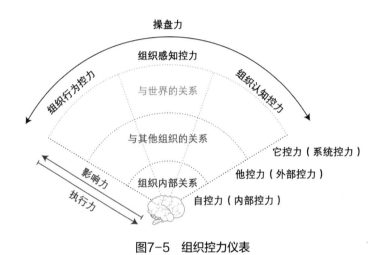

图7-5　组织控力仪表

组织行为控力，是指组织在处理各种问题时的行动风格。每个企业都有自己的习惯，有的企业选择事无巨细地检查核实，也有的企业行动快、准、狠直抄重点。这些没有绝对的对错，企业在不同的发展阶段和企业文化下适合不同的行为方式。但如果行为导致结果不好，组织心智力降低，就要考虑现有的行为模式是否可行、是否需要优化。比如有的企业每年年会让员工出节目，甚至搞辩论和PK，也有的企业每年年会就是吃喝玩乐、放飞身心。如果能提升组织的心智力，这样的行为就是适合的，否则需要根据员工的状态反馈来调整方案。

组织感知控力，是指组织情感信息的交流风格。有的企业对内对外都不习惯沟通，低调行事；也有的公司对内对外都积极沟通，注重宣传。比如"海底捞"火锅公司对内、对外的沟通和服务一度被传为佳话，结果疫情防控期间快速增店，导致沟通和服务大打折扣，组织的心智力对内和对外都有所降低。再比如华为一直以来很低调，很少做花里胡哨的营销宣传，任正非也很少主动接受采访，低调做事，形成了华为独特的沟通模式和文化特质。

组织认知控力，是指组织在面对信息、市场、政策、内外事件时的解读和定位风格。有的企业总是冲在行业的前沿，凡事都争做第一个吃螃蟹的人，对新事物保持快速的回应；也有的企业总是在行业形势比较成熟、清晰时才出手，稳健行事。前者对事件的解读更激进，优先看到机会；后者对事件的解读更保守，平衡机会与风险。

"人尽其能"的学习型组织建设

组织的心智力评估，可以采用第6章末尾的心智力评估表（表6-1、6-2、6-3、6-4），将评估对象改为组织即可。

著名管理学者彼得·圣吉在《第五项修炼》中提出，建立学习型组织的关键是落实五项修炼或技能：自我超越、改善心智模式、建立共同愿景、团体学习、系统思考。由此可见，个人的心智成长是组织心智成长的基础，而组织心智环境是个人心智成长的必要条件。因此，要想建立"人尽其能"的学习型组织，需要从个人与组织两方面入手，既要建立个人心智力评估机制，也要建立组织心智力评估机制。制定心智升级方案时，从组织的关键因素个人的自我超越开始，再融合组织的心智升级愿景，然后建立团队学习机制（包含动力系统、算力系统、控力系统全方位的设计），建立起个人和组织心智力的反馈机制，并进行定期的评估复盘，从而启动个人和组织的系统思考能力。下面具体介绍每一项修炼和本书心智系统的关系。

第一项修炼是**自我超越**。自我超越，是指突破极限的自我实现或技巧的精熟。自我超越以磨炼个人才能为基础，却又超乎此项目标；以精神成长为方向，却又超乎精神层面。自我超越的核心意义，是通过创造来面对自己的生活与生命，同时把自己融入整个世界。个人学习是组织学习的基础，组织生命力的不竭之源乃在于员工的创造力。自我超越的核心便是学会生产和延续创造力。先要建立个人"愿景"获得持久的动力，再掌握诚实面对真相和运用潜意识的能力，这样就能持续创造性输出，它恰恰是后四项修炼的基础。通过心智地图的三大罗盘（动力罗盘、算力罗盘、控力罗盘）可快速帮助个人盘点现状与问题，帮助个人实现自我超越。

第二项修炼是**改善心智模式**。心智模式，是指个人和群体面对问题的观念、态度和解决方法，以及进行决策的准则和依据。它不仅决定着我们如何认知身边的世界，而且影响我们如何行动。有"bug"的心智模式会成为组织学习的障碍，而健全的心智模式能为组织学习提供助益。但是心智模式往往不易察觉，因此很难检视。而且，心智模式的形成往往基于一些特定的经历，在一个阶段稳定适用。而事物却在不断变化，导致心智模式产出的结果可能与事实不一致。要想改善心智模式就需要不断反复地识别出内心的图式，将隐性图式显性化，并加以甄别和修正，使其能反映出事物的真相。改善心智模式可以使企业或组织形成一个不断被检视、能反映出客观现实的集体心智环境。通过心智力的三大仪表（动力仪表、算力仪表、控力仪表）及心智力评分表可快速帮助个人盘点自己的心智模式问题及心智资源，参照心智的三大阶段、九个步骤，从而清晰高效完成心智模式的改善与升级。

第三项修炼是**建立共同愿景**。共同愿景，指的是组织的每个成员能够与组织达成一个共同目标。共同愿景可以为组织学习提供焦点和源源不断的能量。缺少愿景的组织充其量只会被动学习，只有当成员全身心投入深深关切的事情时，才会产生创造性的学习。组织愿景往往由宗旨理念和可触达的景象组成。建立共同愿景就像建立一个全体组织成员共同拥护、拼搏的对象，从而在每个人的内心产生强大的凝聚力和驱动力。通过组织心智力罗盘与三大仪表，可以帮助组织挖掘共同愿景。

第四项修炼是**团体学习**。团队学习，是建立学习型组织的关键。彼得·圣吉认为，那些未能与整体搭配的个人，个体的力量会被消耗殆尽。虽然个人可能也非常努力，但他们的努力没能有效地转化为团队的力量。当团队能够整体搭配时，就能汇聚出共同的方向，从而调和个体力量，使个体力量的抵消或浪费现象降至最低。整个团队就像凝聚成的激光束，形成强大的合力。当然，强调这个并不是叫个人为团队愿景牺牲自己的利益，而是要让共同愿景成为个人愿景的延伸。也就是说，通过促进团队的学习，也能增益个人的成长；通过良好的团队协作和支持，恰如其分地绽放个人的能量。团队中如果个人能量不断增强，而整体搭配不良，则会造成混乱，令团队失去共同目标和实现目标的力量。通过结合组织与个人的心智罗盘与心智力仪表，可以帮助盘点团队的优势与不足，对可提升的集体方向或亟待解决的个体噪音有清晰的认识。

第五项修炼是**系统思考**。系统思考，是一种分析与综合系统内外反馈信息、非线性特征和时滞影响的整体动态思考方法。它能够帮助组织从整体的、动态的，而不是局部的、静止的观点看待问题，所以，系统思考是建立学习型组织的指导思想和原则。它将前四项修炼整合为理论与实践的统一体。通过心智罗盘、仪表等工具，可以帮助个人与组织建立系统思考的能力和习惯。

通过以上五项训练，在打造人尽其才、物尽其用学习型组织的同时，还可以培养组织内部的心智教练，建立心智升级孵化器（软硬场域），从而形成可持续性自体翻新的一个完整闭环。

家庭：如何打造"温暖积极"的亲子成长环境

厘清目标，启动亲子心智力

正如丹尼尔·西格尔教授在《由内而外的教养》一书中所说，有了孩子以后，我们以往的经历会影响教育孩子的方式。未妥善处理的过去也许会埋下隐患，影响我们与孩子的关系。

我们常常会把自己的情感包袱带入"父母"的角色中，这会影响我们和孩子的关系，很多时候我们并不知道。在了解了大脑和心智的运作模式后，才能理解这一点。因此，在经营亲子关系时需要明白，个体心智力和夫妻关系的心智力是亲子心智力的根基。亲子心智力也包含两部分：亲子关系中每个人的心智力与亲子关系本身的心智力。接下来重点介绍下"关系"本身的心智力。

对于亲子关系来说，我们首先需要厘清亲子关系的目标。看起来似乎是个简单的问题，但其实很多父母和我一样，最开始没有弄清楚。要么以为亲子关系的目标是照顾孩子，为孩子提供生存与发展的环境；要么以为亲子关系的目标是教育孩子，让他能够成人、成才。这样的关系都是单向的、失衡的，相当于变相把孩子变成我们的"负担"。很多母亲为了孩子放弃了自己的人生理想，也有的父亲为了给孩子铺路、买房，把让孩子生活得更好作为人生的奋斗目标。听起来很感人，却直接把孩子变成了"傀儡"。

特斯拉公司创始人埃隆·马斯克的母亲梅耶·马斯克，31岁成为破产的单身母亲，随后辗转于3个国家的多个城市发展自己的事业。她不但独立培养出3个出色的子女，还同时获得了2个硕士学位。她是企业家、营养师、演说家和知名的时尚偶像，60多岁重返模特舞台，69岁在美国时代广场独占4个广告牌，72岁仍然风靡网络，是众多女性眼中的励志偶像。虽然孕育了"硅谷钢铁侠"、特斯拉公司创始人埃隆·马斯克，但她自己的人生更加精彩。可以看出梅耶·马斯克也没有因为三个孩子而放弃人生，而且三个孩子都非常优秀。

我们再看一个完美家庭的亲子关系。"两弹元勋"钱学森是杰出的科学家，中国航天事业奠基人。他的夫人蒋英曾任中央音乐学院声乐系教研室主任，是女高音歌唱家和女声乐教育家。他们的儿子继承了父亲对科技的探索兴趣，女儿则继承了母亲艺术上的天赋。然而，儿子钱永刚在接受采访谈及他的家教时，回忆起钱学森夫妇的教育方式，是身教重于言传。钱永刚20多岁的时候问母亲："你和爸爸好像从来都没有管过我们兄妹？"妈妈却温和地说："你不是很聪明吗，你不是会看吗？"钱永刚铭记着妈妈的话，一直以来都是看着父母如何做，以此来对照自己的日常行为和检讨自己。在他的记忆里，钱学森平时常对孩子们说，明白的大道理学校老师都会讲，平时无须说教。例如，喜欢读书是钱家的家风，但是钱学森夫妇从未教过孩子如何读书。只是下班回家继续忙着工作，于是上行下效，孩子们也自然地拿起书本学习。钱永刚说："回想我从小到大，主要是看父母怎么做，我就怎么做。他们从来不会跟我说，你要这样或者不要那样，而是用他们做人做事的方式自然而然地影响我们。"

看完这些故事，是不是发现好的亲子关系都类似。那么好的亲子关系的教育目标是什么呢？我发现，好的亲子关系的目标，其实是各自成就、绽放彼此。

建立家庭文化，升级亲子心智力

明确了这个目标，我们回头来看亲子关系的心智力，是需要处理好三种关系：亲子关系本身（我们与子女的关系）、亲子关系与外部关系（我们与双方父母、亲朋好友等关系）、亲子关系与世界的关系（外界的看法，比如邻居、学校、网友、当地舆论等）。

而亲子关系的心智成长也是遵循三大阶段九个步骤：

第一个时期是建立良性、稳定的亲子互动模式。既不是缺席的状态，也不是控制的模式。能够与孩子建立平等、尊重的沟通模式，而且能够接纳亲子关系的不完美，尊重孩子心智成长的自然规律和亲子关系的发展规律。

第二个时期是接纳开放的关系。能接纳孩子与自己相互独立，能接纳别的关系参与亲子互动，比如婆媳关系、孩子的朋友、社会关系等。有些人的亲子关系是与社会关系分离的，要么顾及面子，害怕亲子关系的不完美被别人非议，要么在与他人的关系中忽略孩子的感受、不尊重孩子，甚至把孩子当成自己的私人财产。这样是无法让亲子关系与外界建立健康有益的互动关系的。

第三个时期是亲子关系能够与社会体系、与世界良好互动。比如各自能为社会作出贡献，各自与社会有着深厚、稳定的羁绊关系，能够将社会的力量反哺于家庭，也能用家庭的力量去感染和影响外界。

除了这三种关系外，我们来看看决定亲子关系心智力的这三大系统：动力系统、算力系统、控力系统。

动力系统，由亲子间物质动力、亲子间情感动力、亲子间精神动力三类动力构成。物质动力包括身体、健康照抚和财力、物力支持等，情感动力包括爱、关心、体谅等情感支持，精神动力包括思想教导、精神鼓励等精神支持等。这些不仅是单向的，而应是双向的照护和关注。很多家长要么一味地关注孩子的身体健康，把孩子养得又肥又懒；要么一味地惯着孩子，要啥给啥，缺啥买啥。但都很少把精力放在亲子的精神互动上，忘记了孩子是个独立的个体。

算力系统，由亲子间肢体互动模式、亲子间情感互动模式和亲子间决策模式构成。比如有的父母，孩子从小到大，只要一哭就抱起来哄，从不教他自己克服困难；也有的父母，怎么哭都不抱孩子，导致孩子与父母肢体接触的机会很少。前者会导致孩子身心过于依赖父母，而后者则可能导致孩子缺乏安全感、胆小不自信。实际上孩子每次碰到的困难可能是不一样的，有的是他不知道自己有能力解决，有的是超出他的能力范围，有的纯粹是为了获得大人关注。如果不耐心地分辨和理性地引导，就可能错过了他重要的成长机会。

控力系统，由亲子间物理控力、亲子间情感控力、亲子间认知控力构成。物理控力是对物质性交换的共识，以及对约定行为的践诺。情感控力是建立双方的互信、互赖和互相欣赏。认知控力是亲子都认同一种家庭价值观，家庭互动、教育和协作方式，比如钱学森夫妇言行合一，身教大于言传。而且给了孩子充分探索世界的机会，认知方面也是对孩子充分信任。这样会使得孩子在亲子关系中非常独立，而且有充分的自由去探索和学习。

情感：如何拥有"彼此增益"的亲密关系

密歇根大学的洛伊丝·维尔布鲁根与詹姆斯·豪斯研究表明，一桩幸福的婚姻直接有益于免疫系统的增强。不幸婚姻的承受者患病概率大约增加35%，并且平均寿命缩短4年。相反，与那些离婚或身处不幸婚姻的人相比，生活在幸福婚姻中的人活得更长久、更健康。

华盛顿大学心理学教授、被媒体誉为"婚姻教皇"的约翰·戈特曼教授，从20世纪70年代至今，对近3000个家庭、700对新婚夫妇进行了40多年的跟踪研究，5分钟判断婚姻状况准确率高达91%。如何才能拥有幸福婚姻，打造出"彼此增益"的亲密关系与情感模式呢？我们可以从戈特曼教授的发现中得到一些启发。

建立共同目标，启动亲密关系心智力

戈特曼教授指出，使婚姻幸福的方法简单得出人意料，幸福的已婚夫妇无须比其他夫妻更聪明、更富有、更精明，而是需要在日常生活中找到一种动力。这个动力能使他们对对方的积极想法和情绪不被消极想法和情绪压倒，即他们需要拥有婚姻情商。他发现在最牢固的婚姻中，丈夫与妻子有着很强的共识，他们不仅相处融洽，而且还支持对方的希望和抱负，并将这作为他们共同生活的目标。

这些年我在心理咨询中心做过不少情感咨询，也曾1次咨询帮助出轨的男人从外遇关系中醒悟而回归家庭，7天咨询帮助孩子的妈妈挽回离家出走3个月的老公修复关系。这些年我也观察和调研过很多幸福的家庭，发现幸福的婚姻都有个共同的特点：有共识或有共同目标，这是亲密关系心智力的根基。建立了共识或拥有共同目标的亲密关系，双方都会自发地付出努力，而不是其中一个人单方面付出。

我曾带企业家去褚橙庄园游学交流，我们都很好奇这位传奇人士的婚姻感情为何如此牢固。马静芬22岁"下嫁"褚时健，陪褚时健将玉溪卷烟厂做到亚洲第一，64岁也陪他锒铛入狱，78岁又陪他东山再起。63岁女儿自杀，70岁患癌，他们这一生有矛盾、有争吵、有磨难，大风大雨一起走过，几十年来始终相互扶持和守护。在褚老去世后，面对镜头时马静芬曾说："如果有下辈子，我还会嫁给他。"当我问到年过九十的马奶奶如何经营婚姻时，她表示："其实我们的习惯差异很大，到现在看电视都仍然看不到一块，但我们有个共同之处，答应别人的事一定要做到。"这个共识就是他们婚姻坚若磐石的根基。

我有个马来西亚的朋友，夫妻俩虽然也会有矛盾，但总体上感情稳定。记得有一次和他们交流时得知，他们夫妻结婚之初有个约定，就是婚后每年都要共同出去旅游一次。而且他们确实做到了，几乎每年都会安排时间雷打不动地出国旅游。

　　因此，要想拥有稳定幸福的亲密关系，就需要为这份关系建立共识或共同目标，而且彼此都能坚守下去。正如约翰·戈特曼教授所说，幸福的婚姻关系往往是接受了婚姻中最令人吃惊的一个事实："夫妻间的绝大多数争吵是无法解决的。"也就是说，如果认为消除冲突才能获得幸福婚姻，就进入了不幸婚姻的误区。这当然不是说遇到冲突什么都不做，而是要学会接纳现实，因为为了这些分歧而争吵，常常是浪费时间、损害婚姻。幸福婚姻的关注点会更多地聚焦在共识与共同目标的实现上。这样会开启亲密关系的心智力，让动力系统、算力系统、控力系统为亲密关系的稳定与幸福发挥积极作用。亲密关系的心智力也是由两方面构成的，一方面是关系中个人的心智力，另一方面是亲密关系这个"关系"本身的心智力。

经营关系互动模式，升级亲密关系心智力

　　如何才能达成共识，建立亲密关系间的共同目标呢？关于这点，约翰·戈特曼教授给出了成功婚姻的7个原则：完善你的爱情地图、培养喜爱和赞美、彼此靠近而非远离、让配偶影响你、解决可解决的问题、化解僵局、创造共同意义。这7条法则结合心智罗盘与心智力仪表，可以帮助大家找到亲密关系的共识，提升亲密关系的心智力。

　　原则一：尝试完善"爱情地图"。"爱情地图"是指大脑中所有关于配偶的相关生活信息，包括对方的兴趣爱好、日常

习惯，以及生活目标、烦恼和希望等。爱他（她），就要了解他（她）。要知道，彼此了解不仅能够产生爱情，还可以产生面对和处理婚姻风暴的力量。那些拥有详细爱情地图的夫妻，总是能将应激事件与冲突处理得更好。

原则二：尝试培养喜爱和赞美，这对维持长久感情生活的价值至关重要。如果夫妻双方都没有这种感觉，关系也就可能走到了尽头。

原则三：尝试彼此靠近而非远离。向对方靠近，第一步要先意识到"平淡"的重要性。许多夫妻一旦认识到日常交流的重要性，他们的婚姻就能迅速获得天翻地覆的变化。

原则四：尝试让配偶影响你。与那些丈夫不抗拒妻子影响自己的婚姻相比，丈夫如果不愿同妻子分享权力，婚姻就很容易终结，不幸福的可能性将是前者的4倍。

原则五：尝试解决可解决的问题。学会以温和开场，努力用妥协收场。要知道那些婚姻美满的夫妻，在争论时并不是按照专家建议的方法交流的，但是他们仍能解决彼此之间的冲突。

原则六：尝试化解僵局。学会和问题一起生活。要知道化解僵局的目的其实不是一定要解决问题，而是摆脱僵局，展开对话。当夫妻俩能在不伤害彼此的情况下谈论冲突时，就掌握了和问题一起生活的能力。

原则七：尝试创造共同意义。尊重彼此的梦想。任何婚姻都有一个重要目标，能够鼓励双方都坦诚地谈论自己的信念。彼此越坦诚、越尊重对方，越能将各自的意义感混合在一起，形成共同的意义。

此外，对于钱财、孩子和性，婚姻需要让夫妻双方都感到安全和可靠。当没能解决这些问题时，婚姻就不能成为彼此的避风港，而是彼此的另一场暴风雨。

基于这7个原则，我们更深入地来看下亲密关系的三大系统：动力系统、算力系统和控力系统。个人的心智力罗盘不详细展开，我们重点来看下亲密关系心智力，也就是把关系作为主体。关系也需要面对三种影响：关系内的影响、关系与外部关系的影响（比如与双方父母亲朋好友的关系）、舆论影响（比如外界的看法，网友、同事、当地舆论等）。而且关系本身的心智成长也是遵循三大阶段九个步骤的：

第一个时期是建立起关系的共识，并能够很好地接纳亲密关系。

第二个时期是可以保持开放的关系，接纳别的关系，比如婆媳关系、双方的朋友关系、社会关系等。很多夫妻是封闭的关系，只顾自己，对外都是伪装，两个人都很心累。

第三个时期是能够开始探索与世界、社会的关系，比如共同做些公益、共同为社会贡献价值等。

比如，杨绛与钱锺书二人的爱情就如同一部清美的史诗。钱锺书曾形容杨绛是"绝无仅有地结合了各不相容的三者：妻子、情人、朋友。"而杨绛在钱锺书去世后也写道："我们仨失散了，留下我独自打扫现场，我一个人思念我们仨。"钱锺书是学贯中西、博古通今的大儒，不但获牛津大学艾克赛特学院副博士学位，长篇小说《围城》被评论家称为"现代中国最伟大的小说之一"，完成了《谈艺录》《写在人生边上》等多部经典著作，而且十分淡泊名利。而杨绛也是著名的剧作家、小说家、文学评论家、散文家和翻译家，译作有《一九三九年以来的英国散文作品》、法国小说《吉尔·布拉斯》、西班牙小说《小癞子》和《堂吉诃德》等。1986年曾因翻译《堂吉诃德》而获得西班牙国王卡洛斯授予的"智慧国王阿方索十世勋章"。在治学、工作和生活中相互扶持和鼓励，各自在学术界、文艺界都享有盛誉，并都以朴实、谦诚的德行影响着一代代后世文人和学者。他们也是互相成就、共同成长、开放增益亲密关系的典范。

由此可见，亲密关系是需要经营的，亲密关系的心智力是可以积累提升的。我们来看下亲密关系的这三大系统：动力系统、算力系统和控力系统。

亲密关系的动力系统，核心动力源于性动力、情感动力与价值动力。性生活如果不和谐，婚姻很难持续下去；两个人如果完全没有共同话题，没有情感、情绪的良性互动，婚姻就容易枯燥无味；两个人如果无法都在关系中获得价值感并输出价值，婚姻就会失衡，久而久之也会出现问题。

亲密关系的算力系统，核心算力来源于性模式、情感模式与利益模式。如果缺少性智慧，亲密关系很容易产生误会与隔阂，性互动模式是一种很重要的沟通。可惜的是，很多伴侣缺乏积极健康的性互动意识与技巧，要么保守抗拒，要么纵欲无度，这样都无法从两性互动中获得有益的智慧与能量。除此之外，亲密关系中的情感智慧也非常重要，前面的7个法则大多是帮助大家加强情感模式方面的认识与方法。而如今很多亲密关系之所以很难走进婚姻，利益模式很大程度上成为绊脚石。幸福的婚姻关系中性模式、情感模式与利益模式都达到了基本的共识。

控力系统的核心控力源于物理控力、情感控力与认知控力。物理控力除了物质基础，财务上的共识，还包括了行为控力，即彼此对行为模式达成共识，并践行承诺。如果彼此间的行为模式无法达成共识，彼此厌恶或者背信弃义，就会导致关系控力下降，甚至导致关系破裂。亲密关系间行为模式的共识既包括彼此间的，也包括共同对外的。比如像马静芬老人所说的，两个人都坚守答应别人的事一定要做到，这就是对外的行为共识。情感控力则主要依赖于沟通，注意这里不只是指语言沟通，非语言交流也是沟通。有些伴侣彼此之间很有默契，一个眼神的互动就彼此了解，也是达到了很好的沟通。除此之外，最重要的还有认知控力，包括彼此对关系的认知和界定。比如有的伴侣一方不想结婚，把关系界定为朋友关系；而另一方想结婚，把关系界定为婚姻伴侣关系。很显然，如果无法达成共识，亲密关系早晚面临挑战与危机。

稳定、幸福的亲密关系是由双方的共识作为纽带和基石，在双方共同经营和相互滋养下建立起来的。当我们掌握了亲密关系的心智规律，有意识地构建有助于幸福心智的动力系统、算力系统与控力系统，就能经营出持久、幸福的亲密关系。

后　记

2017年，在企业家友人杨海峰的支持下，我决定写一本书，时隔6年终于将这本书出版了。写书和出版的过程几经波折，经过深入调研和思考，2018年终于确定了书的方向：心智升级。在翻阅、研究了一百多本心智方面的图书后，我结合自己这些年个人、家庭与企业的咨询案例，提炼出了心智罗盘的三大系统：动力系统、算力系统与控力系统，及心智力仪表的三大仪表：动力表、算力表与控力表，终于在2022年底将本书基本定稿。

这6年之所以没有放弃，首先要感谢杨海峰第一时间的信任和无条件支持。如果当年没有他的信任与支持，也就没有这本书了。同时，也要感谢吴晓波老师给予的写作建议，2018年决定写书的时候，因为是第一次写书，我毫无头绪，不知该如何着手准备。吴老师建议我先建立理论框架再做访谈调研，给了我很大启发，从而大大提高了效率。还要感谢人民邮电出版社王振杰给了我专业的指导意见，让我能够正式启动这本书的写作和出版。

还有我的父母，在听说我决定写书时，虽然不懂我要写什么，也不知道该怎么帮我，却第一时间要出钱支持我，给了我很温暖的力量，让我有了莫大的信心和勇气。此外，这本书的背后还有很多人给了我支持，虽然这里没有提及但我都谨记在心，一并在此感谢。

　　我之所以坚持6年都没有放弃，是因为希望通过《心智升级》这本书帮助更多的朋友少走弯路。对于心智升级的研究，这本书是一张入场券，我只是抛砖引玉，欢迎大家都来升级，都来研究。如果大家有更好的心智升级思维模型与方法论，也可以补充进来。最后，衷心祝福大家通往幸福的成长之路都清晰可见，一路顺畅。

参考文献

[1] 李中莹. 重塑心灵：每个人都拥有让自己成功快乐的能力
[M]. 北京：民主与建设出版社，2019.

[2] 西格尔. 第七感：心理、大脑与人际关系的新观念[M]. 黄
珏苹，王友富，译. 杭州：浙江人民出版社，2013.

[3] 雷默. 第七感：权力、财富与这个世界的生存法则[M]. 罗
康琳，译. 北京：中信出版集团，2017.

[4] 里斯，特劳特. 定位：争夺用户心智的战争（经典重译版）
[M]. 邓德隆，火华强，译. 北京：机械工业出版社，
2017.

[5] 克里斯塔基斯，富勒. 大连接：社会网络是如何形成的以
及对人类现实行为的影响[M]. 简学，译. 北京：中国人民
大学出版社，2013.

[6] 加德纳. 多元智能新视野[M]. 沈致隆，译. 北京：中国人
民大学出版社，2008.

[7] 圣吉. 第五项修炼：学习型组织的艺术与实践[M]. 张成
林，译. 北京：中信出版社，2018.

[8] 李书玲. 动力管理：如何在变革时代激活组织与个人[M].
北京：人民邮电出版社，2019.

[9] 麦克凯，范宁，奥纳. 当情绪遇见心智：应对日常情绪伤

害的10种策略与方法[M]. 萧达，译. 北京：北京联合出版社，2017.

[10] 契克森米哈赖. 发现心流[M]. 陈秀娟，译. 北京：中信出版社，2018.

[11] 拉思. 盖洛普优势识别器2. 0[M]. 常霄，译. 北京：中国青年出版社，2012.

[12] 艾利克森，普尔. 刻意练习：如何从新手到大师[M]. 王正林，译. 北京：机械工业出版社，2021.

[13] 拉萨路. NLP思维[M]. 陶尚芸，译. 北京：台海出版社，2018.

[14] 西格尔，布赖森. 全脑教养法：拓展儿童思维的12项革命性策略[M]. 周玥，李硕，译. 北京：北京联合出版社，2017.

[15] 牛晓彦. 钱氏家训新解[M]. 北京：北京理工大学出版社，2014.

[16] 史密斯，科斯林. 认知心理学：心智与脑[M]. 北京：教育科学出版社，2017.

[17] 黄荣华，梁立邦. 人本教练模式[M]. 北京：中国社会科学出版社，2007.

[18] 阳志平. 人生模式：识别并优化你的核心认知[M]. 北京：电子工业出版社，2019.

[19] 周岭. 认知觉醒：开启自我改变的原动力[M]. 北京：人民邮电出版社，2020.

[20] 利伯曼，朗. 贪婪的多巴胺[M]. 郑李垚，译. 北京：中

信出版社，2021.

[21] 范德考克. 身体从未忘记：心理创伤疗愈中的大脑、心智和身体[M]. 李智，译. 北京：机械工业出版社，2016.

[22] 里德. 神经元领导力：让团队追随你的秘密[M]. 王芳芳，巫琼，译. 北京：人民邮电出版社，2018.

[23] 夏莫. U型理论：感知正在生成的未来[M]. 邱昭良，王庆娟，陈秋佳，译. 杭州：浙江人民出版社，2013.

[24] 奎克. 无限可能：快速唤醒你的学习脑[M]. 王小皓，译. 北京：人民邮电出版社，2020.

[25] 霍金斯. 意念力：激发你的潜在力量[M]. 李楠，译. 北京：光明日报出版社，2014.

[26] 马斯洛. 寻找内在的自我：马斯洛谈幸福[M]. 张登浩，译. 北京：机械工业出版社，2020.

[27] 戈特曼，西尔弗. 幸福的婚姻：男人与女人的长期相处之道[M]. 刘小敏，译. 杭州：浙江人民出版社，2014.

[28] 西格尔. 心智成长之谜：人际关系与大脑的互动如何塑造了我们[M]. 祝卓宏，周常，译. 北京：中国发展出版社，2017.

[29] 李中莹，舒瀚霆. 心智力：商业奇迹的底层思维[M]. 北京：电子工业出版社，2018.

[30] 契克森米哈赖. 心流：最优体验心理学[M]. 张定绮，译. 北京：中信出版社，2017.

[31] 西格尔，哈策尔. 由内而外的教养：做好父母，从接纳

自己开始[M]. 李昂，译. 北京：北京联合出版公司，2017.

[32] 度阴山. 知行合一王阳明（1472—1529）[M]. 北京：北京联合出版公司，2014.